"计算机通信与网络"丛书

软件定义云中心
运营管理技术与工具

Software-Defined Cloud Centers
Operational and Management Technologies and Tools

[印] Pethuru Raj　[美] Anupama Raman　著

赵金晶　林　白　译

电子工业出版社

Publishing House of Electronics Industry

北京·BEIJING

First published in English under the title

Software-Defined Cloud Centers: Operational and Management Technologies andTools

by Pethuru Raj and Anupama Raman

Copyright © Springer International Publishing AG, part of Springer Nature, 2018

This edition has been translated and published under licence from

Springer Nature Switzerland AG.

本书中文简体字版专有出版权由 Springer Nature Switzerland AG 授予电子工业出版社。

版权贸易合同登记号　图字：01-2020-5051

图书在版编目（CIP）数据

软件定义云中心：运营管理技术与工具 /（印）佩瑟鲁·拉吉（Pethuru Raj），（美）阿努帕玛·拉曼（Anupama Raman）著；赵金晶，林白译. —北京：电子工业出版社，2020.9
书名原文：Software-Defined Cloud Centers: Operational and Management Technologies and Tools
ISBN 978-7-121-39572-7

Ⅰ. ①软… Ⅱ. ①佩… ②阿… ③赵… ④林… Ⅲ. ①云计算-研究 Ⅳ. ①TP393.027

中国版本图书馆 CIP 数据核字（2020）第 174125 号

责任编辑：张正梅　　特约编辑：郭　伟
印　　刷：北京虎彩文化传播有限公司
装　　订：北京虎彩文化传播有限公司
出版发行：电子工业出版社
　　　　　北京市海淀区万寿路 173 信箱　邮编：100036
开　　本：720×1000　1/16　印张：14.5　字数：278 千字　彩插：2
版　　次：2020 年 9 月第 1 版
印　　次：2023 年 1 月第 4 次印刷
定　　价：109.00 元

凡所购买电子工业出版社图书有缺损问题，请向购买书店调换。若书店售缺，请与本社发行部联系，联系及邮购电话：（010）88254888，88258888。

质量投诉请发邮件至 zlts@phei.com.cn，盗版侵权举报请发邮件至 dbqq@phei.com.cn。

本书咨询联系方式：（010）88254757。

丛书主编

"计算机通信与网络"丛书主编：
A. J. Sammes，英国莱斯特郡德蒙特福大学技术工程学院网络安全中心
JacekRak，波兰格但斯克技术大学电子电信及信息学院计算机通信系

"计算机通信与网络"丛书是一系列教科书、专著和手册。本套丛书旨在为学生、研究人员和非专业人士提供计算机通信与网络现有知识体系的基础知识，并汇总此领域的最新发展。

本套丛书的主要特点是具有清晰明了的风格，可作为方法教程，即使最复杂的主题也以简明易懂的方式呈现。

要了解本套丛书的更多信息，请浏览 http://www.springer.com/series/4198。

译者序

云计算的普及,使企业内部流量和用户访问数量都实现了指数级的快速增长,延续了20多年的传统外置存储架构和产品在IT技术高速发展的今天,暴露出了扩展性差、灵活性低、成本高等致命问题。软件定义数据中心(Software Defined Data Center,SDDC)的首次提出是在2012年8月VMworld大会上。其精髓在于软件定义,通过抽象、池化、自动化等步骤,实现IAAS(基础架构即服务),帮助用户共享计算网络和存储资源池,并实现动态扩展和调整,以动态适应某一业务在不同时段对于资源的SLA(服务等级协议)的要求。

通过对技术的分析,我们认为软件定义的出现需要这样的大环境:虚拟化技术已经渗透,云计算技术逐渐普及,对传统基础架构破旧立新。未来,软件定义数据中心的概念还将不断进化,技术不断发展,应用也不断深入。

本书是Springer出版的"计算机通信与网络"丛书中的一本,对于云计算技术和软件定义数据中心相关专业领域的初学者和从业人员来说,这是一本非常好的入门读物。本书以讲述云计算和软件定义的基本概念为起点,深入浅出地介绍了实现软件定义数据中心相关的各种概念和实践技术,包括虚拟化的云存储(SDC)、软件定义网络(SDN)、混合云构建、数据中心安全管理、多云环境的自动化管理、云和容器的编排等,并通过简单易懂的实例帮助读者理解,并应用到实际。

感谢电子工业出版社引进如此高品质的图书,让国内的从业人员可以从中受益。同时,非常感谢好友温研、庞玲、骆靖等,他们参与了该书部分章节的翻译和校审工作,并提出了许多宝贵的建议。另外,张玥、李姗姗对全稿进行了大量细致的审校工作。

译者也是抱着一颗炽热的学习之心在阅读和翻译本书，为了保证专业词汇翻译的准确性，我们在翻译过程中查阅了大量相关资料。但由于时间和能力有限，书中内容难免出现差错。若有问题，读者可通过电子邮件 zhjj0420@126.com 与我们联系，欢迎一起探讨，共同进步。

最后，深深感谢在翻译过程中给予我们理解、支持、帮助的家人、同事和朋友。

赵金晶　林白
2020 年 8 月

序 言

当今的 IT 领域流行着"软件定义数据中心"（SDDC）的新概念。SDDC 支持企业所要求的所有云功能。SDDC 与传统数据中心之间的关键区别是用虚拟组件替换有形资产，这将有助于几种类型的优化，比如成本优化、空间优化、功耗优化、性能优化等若干要务。利用 SDDC 可方便地管理、部署、存储、计算和联网云环境中的大量业务应用程序。这是 IT 界的巨大飞跃，因为它标志着可以直接从底层硬件组件中提取数据中心资源这一划时代技术的来临。从计算到网络再到存储，虚拟化无处不在。这为诸如软件定义计算、软件定义网络和软件定义存储等基础设施组件的发展开创了新局面。所有这些软件定义基础设施组件构成了 SDDC 的基础。

Gartner（咨询公司）曾预测，到 2020 年，SDDC 的编程能力将成为全球 2000 家企业中 75%的企业的核心需求，这些企业拟订的计划要么实施开发运营（DevOps）计划，要么实施混合云模型。这一预测说明了 SDDC 在未来的重要性。通读本书后即可发现，本书完美地阐述了 SDDC 的各种组件，比如：

- 软件定义计算。
- 软件定义网络。
- 软件定义存储。

编排和服务管理对任何 SDDC 都至关重要，因为它们是与云功能紧密相关的核心因素。在 SDDC 中确保对组件进行无缝管理同样至关重要，如此才能保证按照商定的服务质量（QoS）条款和服务水平协议（SLA）进行交付。作者完美地阐述了这些概念，并深入探讨了 SDDC 的编排和云服务管理。

最后一个要点是，当涉及任何形式的云功能时，安全性总是最重要的关注点，SDDC 也是如此。本书具体诠释了各种类型的安全问题，以及可以采取哪些措施来保护 SDDC 免受这些安全威胁。

我的总结性评价是:"本书高屋建瓴地阐述了 SDDC,对于任何想要创建或使用 SDDC 的从业者、架构师或工程师而言,这都是必读之书。"

R. Murali Krishnan
HCL 技术有限公司
垂直中端市场部(工程及研发服务),总经理,售前主管
印度,班加罗尔

前 言

毫无疑问,迄今为止,云的发展历程令人难以置信,却又令人振奋。世界各地的政府机构、创新团队和个人都表现出前所未有的浓厚兴趣,利用各种途径积极研究云技术和工具,以领先竞争对手,保持既得优势。云概念带来的各种进展令人欣喜,它使IT变得高度优化并且组织高效。此外,云模式为IT运营和交付的求实创新和自由发展带来了各种可能性和契机。有了云技术增强的IT,我们可以憧憬并实现更优异、更强大的业务能力,同时降低IT投资和基础设施的投入。IT资源的浪费也能清查得一清二楚,并且从源头上止住各项浪费。IT环境中正在形成和实现新的部署和服务模式,以满足新兴的、不断发展的业务需求。由此节省下来的资金再回馈到IT和业务领域,从而创造新的竞争力。由于云技术的推动,使IT变得更加高效和简洁,业务敏捷性、自主性、适应性和对业务的承载能力都得到了增强。

目前,新业务模型正在形成,各种业务的提供方式更加简单合理。业务生产力显著提高,同时业务运营更加自动化。云技术支持的IT领域取得的进展和成就对纵向业务有直接影响。由于云与生俱来的能力,云模式将持续影响IT和企业。确切地说,神奇的云技术已经掀起了波澜,并在向更多新领域渗透。云化是一种势不可挡的趋势,它将改变游戏规则,促使传统IT发生转变。由于IT是企业最直接和最强大的推动力,借助于云技术的IT势必极大地促进业务发展。本书旨在介绍云领域正在悄悄发生的一切,以及如何巧妙地利用这些来创造以人为中心的IT,推动其开创性变革。

第1章将阐述IT领域的各种趋势和转变。本章将说明IT专家、IT普及者和IT倡导者通过云平台部署、分析、运营和处理业务时,为何如此重视云IT的运用。本章还将详细介绍如何通过云IT领域的发展和变革技术,进入物联网、区块链和认知分析时代。

第2章将介绍云2.0,即软件定义云环境的创新如何使传统的云中心实现自动化。作者将讨论软件定义计算、存储和网络,以及这三种转变如何共同作用创造出下一代云中心,从而更适合现代企业的发展。

第 3 章将介绍存储虚拟化中的软件定义存储(SDS)。当今企业的数据中心在容纳各种来源的海量非结构化数据方面面临着诸多挑战,因此,当务之急是通过技术来优化存储设备的使用,这就是存储虚拟化技术的用武之地。本章将详细讨论存储虚拟化的各个方面,如云存储、存储分层和重复数据删除等,这些都是软件定义存储的组成部分。本章还将介绍谷歌文件系统、HDFS 等数据中心内部广泛使用的大数据存储领域的一些技术进展情况。

第 4 章将介绍网络虚拟化中的软件定义网络(SDN)。本章将专门讨论用于数据中心网络优化的各种技术。所有这些技术的核心技术基础是网络虚拟化。因此,本章将详细介绍网络虚拟化的概念,以及软件定义网络和网络功能虚拟化等其他网络虚拟化主题。

第 5 章将介绍关于混合云的构建。通常,桥接私有云和公有云会产生混合云。混合云有特定的需求、场景和用例。本章将深入挖掘并阐述混合云的各种特性和优势。本章还将解释如何通过在私有云与公有云环境之间有效同步来克服公有云与私有云中存在的问题和挑战。

第 6 章将介绍软件定义云中心的安全管理。整个软件定义云中心基础设施包含了云、大数据、移动设备和物联网等各种技术。这些技术容易受到各种类型的安全漏洞和威胁的影响而面临失效,因此,确保基础设施组件不受各种安全漏洞的影响,这一点非常重要。本章的关键是要分析可以采用哪些技术来确保平台和技术的安全,这些平台和技术也是软件定义数据中心生态系统的组成部分。

第 7 章将介绍云服务管理。世界各地的企业现在都在朝着同一种模式发展,即使用内部服务和基于云服务的组合来管理其基础设施和应用程序组件。这就带来了一种新模式的发展,称为混合型 IT。本章提出了一种架构,企业可以用这种架构来管理其混合型 IT 基础结构组件。本章还将讨论在设计这类框架时需要注意的一些关键特性。此外,本章还介绍了云管理平台(CMP)的各个方面,以及市场上出现的一些领先的云管理平台。

第 8 章将详细介绍多云环境,以及如何通过自动化工具对其进行管理。在了解多云策略和项目战略重要性的基础上,世界各地的企业都加入了研究多云的行列,然而,多云管理是一件棘手的事情。本章介绍的一些云管理平台是目前最佳的多云管理和维护解决方案。本章还提供了很多有用的技术细节,值得读者去研读。

第 9 章将介绍在不断发展的云环境中，各类新型软件产品的情况。云生态系统不断扩展，从而提供了各种各样的服务。云服务和资源提供商正在以个性化方式利用各种技术和工具。云服务注册和存储数据库正在稳步增长。服务费用也发生了巨大的变化。对于云消费者、客户、顾客和顾问来说，从云和通信服务提供商那里及时、动态地收集并整理各种信息，以及其他决策支持及增值服务细节，如服务质量、合规性、成本等，并使其可视化，是一项复杂而耗时的工作。因此，云代理应运而生，这是一种高度智能和复杂的软件解决方案，也是一种提供云代理服务的组织机构，可以帮助云用户简化云访问、使用及其组合工作。

第 10 章将阐述云业务流程的最新进展和成果，这是用传统方法和工具难以攻克的难题。我们需要最先进的解决方案和平台，使大部分云运营实现自动化。本章将阐述云和容器编排的重要性，其目的是使端到端应用程序的集成、测试、基础设施支持、软件部署、配置和交付实现自动化。

Pethuru Raj

Anupama Raman

印度，班加罗尔

目 录

第1章 信息技术（IT）领域的明显趋势和转变 ... 1
- 1.1 绪论 ... 1
- 1.2 软件定义IT ... 1
- 1.3 敏捷型IT ... 3
- 1.4 混合型IT ... 3
- 1.5 分布型IT ... 4
- 1.6 服务型IT ... 5
- 1.7 容器化IT ... 6
- 1.8 高质量IT ... 7
- 1.9 云IT ... 7
- 1.10 认知型IT ... 9
- 1.11 超融合IT ... 10
- 1.12 结论 ... 11

第2章 解密软件定义云环境 ... 12
- 2.1 绪论 ... 12
- 2.2 云的发展历程 ... 12
- 2.3 云化过程 ... 13
- 2.4 IT商品化和区域化 ... 14
- 2.5 切换到软件定义数据中心（SDDC）... 17
- 2.6 软件定义基础设施（SDI）的出现 ... 18
- 2.7 软件定义云（SDC）的主要构件 ... 19
- 2.8 网络功能虚拟化（NFV）... 21

2.9 强调软件定义存储（SDS） ································ 24
2.10 软件定义云（SDC）的主要优点 ···························· 27
2.11 结论 ·· 30

第3章 软件定义存储（SDS）——存储虚拟化 ············· 31

3.1 绪论 ·· 31
    3.1.1 DAS 的缺点 ·· 33
    3.1.2 存储区域网（SAN）入门 ······································ 34
    3.1.3 块级访问 ··· 34
    3.1.4 文件级访问 ··· 35
    3.1.5 对象级访问 ··· 35
    3.1.6 存储大数据的存储基础设施需求 ····························· 36
3.2 本节内容编排 ··· 37
    3.2.1 光纤通道存储区域网（FC SAN） ·························· 37
    3.2.2 网际协议存储区域网（IP SAN） ··························· 38
    3.2.3 以太网光纤通道（FCoE） ····································· 39
    3.2.4 网络附加存储（NAS） ·· 39
3.3 高性能存储应用程序所使用的流行文件系统 ·················· 40
    3.3.1 谷歌文件系统（GFS） ··· 40
    3.3.2 Hadoop 分布式文件系统（HDFS） ························· 42
    3.3.3 HDFS 的架构 ·· 43
    3.3.4 Panasas ··· 44
3.4 云存储简介 ·· 48
3.5 存储虚拟化 ·· 51
    3.5.1 精简配置 ··· 51
    3.5.2 存储分层 ··· 52
    3.5.3 云存储中使用的存储优化技术 ································ 53
    3.5.4 云存储的优点 ·· 54
3.6 结论 ·· 55

第4章 软件定义网络（SDN）——网络虚拟化 ············· 56

4.1 绪论 ·· 56
4.2 当前网络基础设施的局限性 ······································· 58

4.3 网络基础设施软件定义数据中心（SDDC）的设计方法 ·············· 59
4.4 虚拟网络的组件 ·············· 62
4.5 网络虚拟化实现技术 ·············· 64
 4.5.1 虚拟局域网（VLAN） ·············· 64
 4.5.2 VLAN 标记 ·············· 66
 4.5.3 虚拟可扩展局域网（VXLAN） ·············· 67
 4.5.4 虚拟存储区域网（VSAN） ·············· 69
 4.5.5 虚拟网络中的流量管理 ·············· 69
 4.5.6 链路聚合 ·············· 69
 4.5.7 流量整形 ·············· 70
 4.5.8 软件定义网络（SDN） ·············· 71
 4.5.9 SDN 的分层架构 ·············· 72
 4.5.10 网络功能虚拟化（NFV） ·············· 75
4.6 结论 ·············· 76

第 5 章 混合云：混合型 IT 的发展历程 ·············· 78

5.1 绪论 ·············· 78
5.2 解密混合云模式 ·············· 79
5.3 混合云的关键驱动因素 ·············· 80
5.4 混合云的 VMware 云管理平台 ·············· 82
5.5 混合云挑战 ·············· 83
5.6 混合云的独特能力 ·············· 85
5.7 云开发解决方案 ·············· 87
5.8 VM 和容器的混合云 ·············· 88
5.9 混合云管理：用例和要求 ·············· 94
5.10 混合云管理解决方案生态方兴未艾 ·············· 95
5.11 结论 ·············· 96

第 6 章 软件定义云中心的安全管理 ·············· 97

6.1 绪论 ·············· 97
6.2 软件定义数据中心（SDDC）基础设施的安全需求 ·············· 97
6.3 身份验证、授权和审查框架（AAA） ·············· 98
6.4 深度防御 ·············· 99

6.5 云平台的安全问题 101
6.5.1 虚拟机分割 101
6.5.2 数据库分割 102
6.5.3 虚拟机内省 102
6.6 分布式拒绝服务（DDoS） 103
6.7 基于虚拟机/虚拟机监视器的安全威胁 104
6.7.1 擅自篡改虚拟机映像文件 104
6.7.2 虚拟机盗用 105
6.7.3 虚拟机间攻击 105
6.7.4 瞬时间隙 106
6.7.5 监视器劫持 107
6.8 大数据的安全威胁 107
6.8.1 分布式编程框架 108
6.8.2 使用非关系型数据库（NoSQL） 108
6.8.3 分层存储 109
6.8.4 数据源验证 109
6.8.5 隐私问题 109
6.9 大数据安全管理框架要求 109
6.9.1 灵活可扩展的基础设施 110
6.9.2 数据分析和可视化工具 110
6.9.3 威胁监控和情报 111
6.10 移动设备安全解决方案 112
6.11 物联网组件的安全问题 113
6.12 物联网平台/设备的安全措施 114
6.12.1 安全启动 114
6.12.2 强制访问控制机制 115
6.12.3 网络设备身份验证 115
6.12.4 设备专用防火墙 115
6.12.5 确保安全补丁和升级的控制机制 115
6.12.6 物联网不同用例中的安全威胁 116
6.12.7 智能交通系统的安全威胁 116
6.12.8 智能电网和其他物联网基础设施组件中的安全威胁 117
6.13 结论 117

第 7 章　云服务管理 ······119

- 7.1　绪论 ······119
- 7.2　混合型 IT 的特性 ······120
- 7.3　实现混合型 IT 的架构 ······121
- 7.4　管理界面 ······121
- 7.5　资源配置和报告 ······122
- 7.6　流程和数据集成 ······122
- 7.7　系统和过程监控 ······122
- 7.8　服务管理 ······122
- 7.9　数据管理 ······123
- 7.10　身份和访问管理（IAM）······123
- 7.11　CMP 工具 ······123
- 7.12　自助服务目录 ······125
- 7.13　统一云管理控制平台 ······126
- 7.14　云治理 ······126
- 7.15　计量/计费 ······127
  - 7.15.1　IaaS 的计费和计量服务 ······128
  - 7.15.2　PaaS 的计费和计量服务 ······129
  - 7.15.3　SaaS 的计费和计量服务 ······130
- 7.16　市场上主要的 CMP 供应商 ······131
  - 7.16.1　思科云中心 ······131
  - 7.16.2　VMware 的 vCloud 自动化中心 ······132
- 7.17　结论 ······133

第 8 章　多云代理解决方案和服务 ······134

- 8.1　绪论 ······134
- 8.2　云代理解决方案和服务的关键驱动因素 ······136
- 8.3　IBM Cloud Brokerage 介绍 ······143
- 8.4　IBM Cloud Brokerage 的关键组件 ······145
- 8.5　IBM Cloud Brokerage 的独特功能 ······147
- 8.6　Cloud Brokerage 服务实现桥（SFB）总体架构 ······150
- 8.7　Cloud Brokerage 和 IBM Cloud Orchestrator（ICO）的集成优势 ······151

8.8	IBM Cloud Brokerage 解决方案用例和优势	152
8.9	行业痛点、云代理目标、适配问题	153
8.10	IBM Cloud Brokerage 案例研究	155
8.11	需要整合的功能	158
8.12	其他云代理解决方案和服务	159
8.13	结论	161

第 9 章 自动化的多云操作和容器编排 … 162

9.1	绪论	162
9.2	云自动化与编排简介	163
9.3	设定背景	164
9.4	多云环境的出现	165
9.5	面向多云环境的新一代 DevOps 解决方案	166
9.6	多云：机会与可能性	169
9.7	多云部署模型	170
9.8	管理多云环境的挑战	170
9.9	多云编排器的作用是什么？	172
9.10	多云代理、管理和编排解决方案	174
9.11	领先的云编排工具	174
9.12	容器管理任务和工具	179
9.13	Mesosphere Marathon	183
9.14	云编排解决方案	185
9.15	多云环境的安全问题	188
9.16	构建多云环境中 DevOps Pipeline 的 12 个步骤	190
9.17	结论	192

第 10 章 多云管理：技术、工具和技能 … 194

10.1	绪论	194
10.2	进入数字时代	195
10.3	多云环境的出现	195
10.4	多云管理平台解决方案	196
10.5	多云管理解决方案的特性	198

10.6 多云管理策略 203
10.7 多云管理：最佳实践 205
10.8 通过预测分析管理多云环境 208
10.9 应用程序的更新与迁移：方法与架构 210
10.10 结论 212

第 1 章

信息技术（IT）领域的明显趋势和转变

1.1 绪论

先进的技术和工具从本质上增强了 IT 基础设施的能力。我们经常听到、读到甚至有时体验到一些流行词汇，如基础设施即服务（IaaS）、基础设施编程、基础设施即代码，原因就在于此。特别是云技术产生的影响，更是令人热血沸腾。云概念对 IT 是一种巨大的推动力，它利用有限资源实现利润的最大化，即少花钱多办事。随着云概念的广泛应用，各种新奇而有效的东西被开发出来。本章列举云技术在 IT 各个方面的发展，并解释这些进步是如何促进社会变得更美好。

1.2 软件定义 IT

诸如编程语言、开发模型、数据格式和协议等软件技术的异构性和多样性，使得软件开发、运行和管理的复杂性不断增加。特别是，企业级应用程序的开发、部署和交付都面临着真正的挑战。不久前，以敏捷方式开发和运行企业级软件的机制取得了一些突破性进展，出现了一些能大大降低系统复杂度的快速开发方法，以速度更快而且智能化的方式开发生产级软件。人们在不断地试验利用"分而治之"和"分割切入点"等技术，并且鼓励利用此类技术来开发面向未来的灵活软件解决方案。抽象、封装、虚拟化和其他划分方法的潜在概念被大量使用，以减少软件开发过程的艰难程度。此外，软件架构师、测试专业人员、开发运营人员和站点可靠性工程师（SRE）也会最大限度地考虑性能工程及其增强。因此，软件开发过程、最佳实践、设计模式、评估指标、关键指引、集成平台、支持框架、简化模板、编程模型等概念在这个软件定义的世界中都具有重大意义。

另外，软件套件被视为给企业与个人带来真正自动化的最重要因素。通过利用强大的软件产品和程序包，可以圆满完成各种业务的自动化。最初，软件被视为业务推动者。如今，这种趋势正在发生显著的变化，一切只为使这个世界更美好。也就是说，每个人都能通过软件创新、颠覆和转型得到好处。换句话说，软件正在变成权利赋予的最合适的工具。软件领域就像谜一样，其贡献一直呈上升态势。软件具有渗透性、参与性和普及性。我们已经听说过、阅读过甚至体验过软件定义的云环境。一切有形的东西都在被不断地升级为软件定义，甚至连安全领域的名称也发生了改变，软件定义安全的范例日益流行。

通过软件实现的数字化对象——在日常环境中，各种常见用品、廉价用品、休闲用品均可通过软件实现数字化。所有的数字化实体和元素都能作为计算对象。我们周围的数字对象天生就可以相互连接，并且能够与遥控装置、网站内容、云服务、数据源等交互。可置入装置、可穿戴设备、手持设备、仪器设备、机器、日常用品、消费类电子产品、家用电器和其他嵌入式系统（资源受限型或密集型）正在经历系统数字化和网络化，以进行远程监控、测量、管理和维护。准确地说，任何物理、机械和电气系统都可通过一系列前沿技术（传感器、微控制器、便签、射频标签、条形码、信标和发光二极管、智能微尘、斑点等）来实现软件支持。甚至机器人、无人机和我们的日常用品也能精确实现软件支持，产生不同的操作、输出和提供不同的指令。将有感知能力的物理设备数字化后，构建了一种自组织网络，为人们带来了不少益处。一切都在智能化，每种设备都变得更"聪明"，物联网（IoT）和信息物理系统（CPS）使人类在日常决策、经营和行为方面表现得更聪明。

根据市场分析和研究报告，在未来的岁月里将有数百万的软件服务、数十亿的连接设备和数万亿的数字化实体。挑战在于如何开发生产级、高度集成的可靠软件套件，以从不同的分布式设备获取数据。软件领域将随着企业和 IT 领域的进步而与时俱进。

1.3 敏捷型 IT

开发和发布周期变得越来越短。交付恰到好处的业务价值是当前软件开发的终极目的。从传统角度而言,一个软件开发项目的构建周期很长,包括目标明确的不同阶段,例如"需求收集和分析""系统架构和设计""系统开发""系统测试"和"系统发布",这些阶段涵盖了系统开发的整个周期。在软件工程中引入敏捷性是正在酝酿的发展趋势,其结果是大大缩短了软件开发和发布的周期。重要的是快速发布小范围的功能,这样才能从用户那里得到及时反馈。系统的开发成为一种逐步迭代的过程。

一些敏捷方法正在推出,以用来加速将软件解决方案与服务推向市场的过程。结对编程、极限编程、迭代式增量软件开发、行为驱动开发(BDD)和测试驱动开发(TDD)等是实现敏捷编程目标的主要方法和手段。也就是说,软件可以快速构建,但是事情并未就此结束。在开发活动之后,将进行单元测试、集成测试和回归测试来验证软件。然后,将软件交付给管理和运营团队,在开发环境中部署开发级软件,供大众订阅和使用。

现在,运营团队还必须与开发团队平等合作,才能建立可靠的运营环境来部署和运行应用程序。能否快速建立并提供运行时环境和信息通信技术(ICT)基础设施,对于能否快速向用户交付软件应用程序而言至关重要。准确地说,为了确保业务敏捷性,除了公认的敏捷编程技术外,运营效率也必然扮演非常关键的角色。即利用各种各样的自动化工具来实现 DevOps 这种独特目标的需求正在得到广泛认可,因此 DevOps 活动如今获得了越来越多的关注。

1.4 混合型 IT

全世界的机构、个人和创新者都目标明确,充满信心而热切地拥抱云技术。随着云环境的快速成熟和稳定,在构建和交付云本地应用程序方面出现了明显增长,并且有一套可行的衔接流程和方法来轻松构建云本地软件。遗留下来的传统软件应用程序正在逐步优化改进,并转移到云环境中,以获得云概念所期望的优势。云软件工程是全球众多软件工程师关注的热点领域之一,可分为公有云、私有云和混合云。最近,我们了解到更多关于边缘/雾云的说法。尽管如此,传统的 IT 环境仍然存在,这个世界即将发展成一个混合环境。

1.5 分布型 IT

软件应用程序越来越复杂。高度集成的系统是当今的新常态。企业级应用程序应该与分布式系统和异构系统中运行的第三方软件组件无缝集成。现今，越来越多的软件应用程序根据需要，由多个可交互、可变形和可被破坏的服务以无组织的方式进行组合。多通道、多媒体、多模式、多设备和多租户应用程序变得越来越普遍。此外，还有大量的企业、云、网页、移动、IoT、区块链和嵌入式应用程序被托管在虚拟的容器化环境中。特定行业和领域的应用程序（能源、零售、政府、电信、供应链、公用事业、医疗、银行和保险、汽车、航空电子、机器人等）开始通过云基础设施进行设计和交付。

还有各种软件包、自产软件、整体解决方案、科学和技术计算服务、可定制和可配置的软件应用程序等来满足不同的业务需求。在私有云、公有云和混合云上会运行一些包括运营类、事务处理类和分析类的应用程序。随着连接设备、智能传感器和执行器、雾网关、智能手机、微控制器、单板机（SBC）等设备的指数级增长，软件支持的数据分析和处理将转向利用边缘设备来完成实时数据的捕获、处理、决策和行动。我们的目标是实时分析和应用，这需要软件系统来发挥应有的作用，并最终造就一个软件密集型的世界。

开发团队在地理上具有分散性，并且可以跨越多个时区同步工作。由于 IT 系统和业务应用程序的多样性和多重性，分布式应用程序被视为前进的方向。任何软件应用程序的组件都可能分布在多个位置，以支持冗余的高可用性。容错、低延迟、独立软件开发、打破厂商间的壁垒等，均被视为使用分布式应用程序的原因。软件编程模型也在相应调整，以顺应分布式和分散式应用程序的特点。多个开发团队在全球多个时区工作，这已成为到岸和离岸开发模式构成的混合世界的新常态。

随着大数据时代的来临，最实用、最独特的分布式计算范式将在商品化服务器和廉价计算机的动态世界中蓬勃发展。随着连接设备的指数级增长，设备云的日子近在咫尺。也就是说，分布式和分散式设备一定会大量云聚，形成应用程序特有的云环境，用于数据捕获、摄取、预处理和分析。因此，毫无疑问，未来属于分布式计算。实现完全成熟和稳定的集中式计算对于需要网络规模的应用系统而言是不可持续的。下一代互联网也是数字化 IoT、连接设备和微服务互联的网络。

1.6 服务型 IT

面向任务的应用程序以及通用应用程序将使用高度流行的微服务架构（MSA）模式构建。庞大的应用程序通过 MSA 模式被分解，以方便用户和程序拥有者。微服务是建立下一代应用程序的新构件。微服务易于管理，可独立部署，可扩展，服务相对简单。并且，微服务可公开发布，通过网络访问及互操作，也可由应用程序编程接口（API）驱动、组合和替换，同时具有高度隔离性。未来的软件开发主要是寻求合适的微服务。以下是微服务架构的一些优点。

- **可扩展性**——应用程序通常有三种类型的扩展方式。X 轴扩展用于水平克隆应用程序，Y 轴扩展用于分割各种应用程序功能模块，Z 轴扩展用于对数据分区或分片。当庞大的应用程序通过 Y 轴扩展时，应用将被分解成许多易于管理的单元（微服务），每个单元履行一项职责。
- **可用性**——为了保证高可用性，微服务的多个实例被部署在不同的容器（Docker）中。通过这种冗余，可以确保服务和应用程序的可用性。利用服务级负荷均衡实现高可用性，利用隔离模式实现容错。通过对服务配置和发现过程可以发现新的服务，为了业务目标进行沟通和协作。
- **持续部署**——微服务可以独立部署、水平扩展和自定义。微服务是解耦合/轻度耦合的，并且以紧密结合方式实现复杂的模块化要求。这种架构解决了互相依赖导致的问题。这样就可以部署任何彼此独立的服务，以实现更快速更连续的部署。
- **松散耦合**——如上所述，微服务通过松散耦合的方式来实现自治和独立。每个微服务在服务级别均有各自的分层架构，在后台有各自的数据库。
- **多语微服务**——微服务可以通过各种编程语言实现。因此，不存在技术锁定。任何技术都可以用来实现微服务。同样，并不强制使用某些数据库。微服务可以配合任何文件系统 SQL 数据库、NoSQL 和 NewSQL 数据库、搜索引擎等使用。
- **高性能**——微服务领域具有众多性能工程设计及一些增强技术和技巧。例如，在单线程技术堆栈中实现高模块化调用服务，通过多线程技术实现超高 CPU 利用率。

通过使用快速成熟而且稳定的微服务架构，可以为业务和 IT 团队带来诸多好处。工具生态系统正在蓬勃发展，这将使实现和使用微服务变得更加简单。

而自动化工具的大大简化加速了微服务的构建和运行。本书后续章节中可以找到关于微服务的更多信息。

1.7 容器化 IT

容器（Docker）这一概念确实动摇了软件世界。通过容器化，一系列前所未有的进步得以实现。软件的可移植性需求已经存在了很长时间，通过开源容器（Docker）平台得到了解决。承载各种微服务的 Docker 的实时弹性使业务关键型软件应用程序能够实现实时可扩展性，这被视为容器化日益流行的关键因素。微服务和 Docker 领域的交叉为软件开发人员和系统管理员带来了模式的转换。Docker 的轻量级特性，以及与 Docker 平台相关的标准化封装格式在稳定和加速软件部署方面大有帮助。

容器是一种将软件与配置文件、依赖项和二进制文件一起打包的方法，从而使软件可在任何运行环境中运行。下面列出了一些关键的优点。

- 环境的一致性——容器上运行的应用程序/进程/微服务在不同环境（开发、测试、准备、复制和生产）中表现一致。这就消除了任何类型的环境不一致所带来的问题，并且减少了测试和调试的麻烦，缩短了所耗用的时间。
- 部署更快——容器是轻量级的，启动和停止只需一瞬间，因为不需要启动任何操作系统（OS）映像。这有助于实现更快速的创建、部署和高可用性。
- 隔离——使用相同资源在同一台机器上运行的容器彼此隔离。当我们运行 Docker 启动容器时，Docker 在后台为容器创建一组名字空间和控制组。名字空间提供最初始也是最直接的隔离形式。也就是说，在容器中运行的进程看不到也无法影响另一个容器或主机系统中运行的进程。每个容器还具有各自的网络堆栈，这意味着容器不具备对另一个容器的套接字或接口的访问特权。如果相应地设置了主机系统，则容器可以通过各自的网络接口实现交互。当我们为容器指定公共端口或使用链接时，容器之间就可以进行 IP 通信。它们可以相互 ping 通，发送/接收用户数据包协议（UDP）的数据包，建立传输控制协议（TCP）连接等。通常，一台给定的 Docker 主机上的所有容器都位于桥接接口上。这意味着它们就像通过公共以太网交换机连接的物理机器一样。

特定主机上运行的所有容器均可共享主机内核。虽然这对于大多数用例来说可行，但是对于某些关注安全性的用例则是不可接受的。这就是最近出现的隔离容器概念的发展方向。在隔离容器方法中，容器有各自的内核，并利用虚拟化机制提供彼此之间的隔离，同时保留容器的利用率、打包和部署优点。在利用虚拟机（VM）技术为容器提供更强的隔离方面，正在开展诸多工作。英特尔公司的透明容器方法与 HyperHQ 的 hyper 方法是几个值得关注的方法。

1.8 高质量 IT

我们一直在开发满足各种功能需求的软件和硬件系统，但是，未来的挑战是保证系统的非功能需求（NFR）。IT 系统和业务应用程序饱受诟病的 QoS/体验质量（QoE）需求应该通过大量开创性的技术解决方案来得到满足。软件开发企业、IT 产品供应商、研究实验室、学术机构必须有意识地制定战略来设计和利用 IT 领域最新的技术途径和方法。企业必须采取一系列措施，将 IT 部门武装起来，使其具备所应具有的能力，做好迎接知识时代的准备。这些能力包括：处理步骤得到大幅细化，强大的架构设计和整合模式得到深入挖掘和推广，通过一系列创新、颠覆和转型实现基础设施的云化，采用分布式和分散式计算模型来应对日益数字化的世界，分区技术（虚拟化和容器化）须与其他自动化方法一起配套使用，等等。因此，为迎接数字时代的到来，必须认真、明确、充满信心地实现高度可靠的软件和硬件系统。

1.9 云 IT

云中心被定位为部署和交付各种软件应用程序的一站式 IT 解决方案。云存储用于存储公司数据、客户数据和机密数据。云平台正在加速云的建立和支持。云基础设施经过高度优化和组织，以托管 IT 平台和业务应用程序。不同的分布式云环境相互连接来构建联合云。云的标准化是通过消除诸如供应商封锁之类的各种持久性问题来生成开放的云环境。大规模的单体应用被分解成不断增长的微服务集合，并发布到云环境中供众人订阅和使用。通过 MSA 和容器化，遗留的应用程序正在逐步进行升级改进，并向云迁移。随着云逐渐发展成集中化、统一化、分区化、自动化的共享IT基础设施，企业IT将转向云IT。

云计算方式的受欢迎程度正在飙升，它被绝大多数人视为整个IT领域的颠覆性、变革性和创新性技术。直接的好处包括通过合理化、简化、提高利用率和优化过程来实现IT敏捷性。本节通过列举各种各样有益的云概念来探索IT的结构性和颠覆性转变。

自适应IT——在面向服务的部署、交付、定价和消费模式方面，通过采用许多受到云思想启发的各种创新，保证了企业的IT价值。随着建立IT敏捷性和有意识地运用云技术，可以实现更为稳定的业务敏捷性、自主性、承担能力和适应性。

以人为本的 IT——云支持基于联合的集中工作模式，在全局层面提供操作。例如，现在有成千上万的智能手机应用程序和服务聚集在云环境中。由特定的云来提供移动应用程序。强大的智能手机和其他可穿戴设备均可访问云资源和应用程序。随着超高宽带通信基础设施网络、先进的计算和存储基础设施逐步到位，设备互联网、服务互联网和物联网前景光明。自我感知、环境感知和情景感知服务将变得普遍、丰富和物美价廉，因此IT将实现足以精确满足人们需求的伟大转型。在未来的日子里，个人IT将蓬勃发展，为个人同时也为公众带来数不胜数的优势和自动化程度。

绿色 IT——全世界开始意识到能源消耗和热量散失会对我们的生活环境产生影响。为了遏制灾难性的气候变化，并减少温室气体排放，以实现环境的可持续发展，在不同层面上均需制订精细的计划。IT数据中心和服务器环境也在导致环境恶化。IT的发展方向是给出有效的绿色解决方案。网格和云计算是建立绿色IT环境的主要概念。此外，用来密切监控、测量、分析和调节能源消耗的IT解决方案也在制定中，以减少非IT环境中的散热。特别是，智能化能源网格和能源互联网（IoE）科学正在大力发展和普及，为全球可持续发展目标做出决定性贡献。云计算模式产生的简洁高效的计算、通信和存储基础设施，都显著提高了节能成效。

优化IT——在业务支持的IT领域有许多值得开展的优化。"少花钱多办事"已经成为IT经理的终极目标。对于IT优化驱动力背后的目标，云计算当然是必不可少的手段。

随着无线和有线宽带通信领域取得的一系列卓有成效的进展，未来互联网目标定位是设计并实现以人为中心的应用程序。随着云计算作为新一代IT基础设施的出现，未来的IT将实现连通、感知和认知能力，为人类的日常生活、行为和决策提供更强的影响力和推理能力。

聚合、协作和共享 IT——云计算的概念正在迅速渗透到每一个有形的领域。云计算平台不仅以软件部署和交付而著称,还在服务设计、开发、调试和管理等方面享有盛名。此外,云作为统一、聚合和集中的基础设施,还是实现无缝服务集成、编排和协作的上佳选择。随着所有对象(应用程序、平台和基础设施)都被定义为可公开发布、可网络访问和可自我描述的自发多租户服务,云将很快演变成为协作中心。特别是,可组合的业务可以通过基于云的协作平台轻松实现。

实时实地 IT——数据的种类、数量和速度都在增加。随着 MapR、云时代、Hortonworks、Apache Hadoop 等 Hadoop 实现的广泛吸引力,从大数据中获取有用的深刻见解变得越来越普遍。从数据堆中提取有用信息是各种并行化方法、算法、架构和应用程序一直以来的目标。同时,实时系统和数据库也正在迅速涌现和演变,以实现对数据的实时分析,辅助人和机器有的放矢地及时决策。传统的 IT 系统难以适应大数据时代。另一个趋势是能够实时地从海量数据中获取实用性的信息。除商用硬件元素集群之外,还有内存计算和数据库内系统。因此,所有类型的数据(大数据、快数据、流数据和 IoT 数据)都要经过各种处理(批处理和实时处理),以完成从捕获和净化数据到信息和知识的转换。数据正在成为进行预测分析、规范化分析和个性化分析的最重要企业资产。云是进行下一代分析优化、自动化和虚拟化的基础设施。也就是说,有了来自云基础设施的有力支持,未来将会出现诸多明显改进,使得实现的应用程序和服务能够顺利、完美地达到对数据实时洞察的最终目标。

自动化且价格实惠的 IT——这无疑是采用开创性技术取得的具体成果。通过大量基于模板、以模式为中心和基于策略的工具,针对系统和软件配置、运营、管理和维护的大量人工活动正在实现自动化。

简而言之,云概念及云构想的出现和强化,在 IT 领域产生了大量令人称道、行之有效的创新,大大提升了业务效率。这就是个人、创新者和机构会纷纷推崇云技术和工具形成热潮的原因。

1.10 认知型 IT

随着数十亿的连接设备和数以万亿计的数字化对象的部署使用,按需交互和有目的的交互产生的数据量是巨大的。数据速度、结构、模式、大小和范围都在变化,这种变化给数据科学家、IT 团队和业务主管带来了巨大的挑战。数据挖掘领域的技术和工具,用于收集和处理大数据、块数据、流数据和 IoT 数据,并及时提取出有用信息和可行性见解。这个互联的世界期望通过增强认知来弄明白数据究竟有何意义。IT 系统、网络和存储设备的认知能力在实现智能化程度更高的环境(如更智能的酒店、家庭和医院)里大受欢迎。IT 行业中出现了大量前沿技术和工具(机器深度学习算法、实时数据分析、自然语言处理、图像、音频和视频处理、认知计算、上下文感知和边缘分析),为实现可预测的认知型 IT 铺平了道路。

1.11 超融合 IT

超融合基础设施(HCI)是一个数据中心架构,它充分体现了云的工效学和经济学效益。HCI 基于软件,将服务器计算、存储、网络交换机、虚拟机监视器、数据保护、数据效率、全局管理和其他企业功能整合到商用 x86 构件上,从而简化和提高效率,实现无缝可扩展性,提高敏捷性,并降低成本。HCI 是若干趋势的最高点和集合体,为现代企业提供了特定的价值。

这是一种最高层次的发展方向,可以在不影响性能、弹性和可用性的前提下,实现云一样的承担能力和可扩展性。HCI 带来的好处非常显著。

- **数据效率**——HCI 降低存储、带宽和每秒输入输出操作(IOPS)需求。
- **弹性**——HCI 使得可以根据业务需求轻松向外/内扩展资源。
- **以工作负荷为中心**——专注工作负荷,将其作为企业 IT 的基础,所有支持结构都集中于应用程序。
- **数据保护**——在丢失或损坏的情况下确保数据恢复是关键的 IT 需求,而 HCI 使这一点变得容易得多。
- **VM 迁移**——HCI 支持大型应用程序/工作负荷的机动性。
- **弹性**——与遗留系统相比,HCI 支持更高级别的数据可用性。
- **成本效益**——HCI 为 IT 带来可持续的按阶段的经济模式,消除浪费。

融合以多种形式出现。在最基本的方面,融合只是将现有的单个存储、计算和网络交换产品集成到预先测试、预先验证的解决方案中,并作为单个解决方案出售。然而,这种水平的融合只能简化采购和升级周期,却无法解决随着虚拟化的到来而产生的运营挑战。仍然需要创建逻辑单元号(LUN),需要获取和配置 WAN 优化器，需要购买并维护第三方备份和复制产品。HCI 将计算、存储、网络和数据服务无缝地结合在一个解决方案中，即一个物理系统中。通过软件支持在行业标准 x86 系统上进行超融合，目的是运行虚拟化或容器化的工作负载。分布式架构允许在站点内部和站点之间集群多个系统，形成共享的资源池，从而实现高可用、工作负荷机动性及性能和容量的高效扩展。通常通过单个接口管理，HCI 允许用户在 VM/容器层定义策略并执行活动。其效果是显著的，包括：前期基础设施成本的降低带来了资本支出降低，运营成本和人员的减少带来了成本的降低，以及实现新业务的快速开发带来了更快价值体现。在技术方面，具有广泛基础设施和业务需求知识的 IT 人员就可以轻松应对超融合系统，企业不再需要专门的资源工程师来管理数据中心的方方面面。

1.12 结论

本章探讨了 IT 领域发生的趋势和转变。IT 领域不断进步，新能力层出不穷，因此，我们拥有新的可能性和机会。IT 软件对业务信心的影响最大。IT 始终处于增长势头，这绝对是一个好消息。其应用领域在不断扩大，对各个行业领域的影响力和控制力都以前所未有的速度增长。迄今为止，IT 领域的创新所产生的好处仍无法完全被人所知。新兴领域不断加大力度拥抱 IT，使其具有可观的生产力，令它们尊贵的客户和消费者满意，而且价格非常实惠。

现在，从内部为 IT 赋予权利，用更少的钱做更多的事情。大量的合理化、优化、现代化、区域化（虚拟化和容器化）、云化（合并、集中、联合、编排、集成等）技术和技巧实现了大部分 IT 基础设施运营的自动化。诸如开发运营（DevOps）、无运维（NoOps）、智能运维（AIOps）、数据运维（DataOps）、站点可靠性工程（SRE）、客户可靠性工程（CRE）之类的新领域催生了一系列进步，支持 IT 在未来若干年的可持续发展。作为数据分析、人工智能（AI）（机器和深度学习算法）、实时日志分析、运营分析、性能分析、安全分析、相关性分析和客户分析等角色所发挥的作用，使得 IT 成为机构、创新者和个人不二的选择。

第 2 章

解密软件定义云环境

2.1 绪论

本书门户网站中有几个有用的链接定向到软件定义云环境中的大量资源。要想了解关于 SDDC 的有用信息，我们鼓励读者通过访问门户网站获得此类链接。本章旨在阐明软件定义云计算中心的独到之处和其中的设施。大型云计算中心将从软件定义资源中获得巨大利益。除了虚拟化，容器化也是软件支持的 IT 基础设施的通用机制。通过巧妙应用容器化概念，可以保证精确利用 IT 资源，并增强这些资源的利用率。通过软件支持，各种 IT 基础设施模块的可访问性、灵活性、可扩展性、可移植性和可修改性均得到提升和改进。通过软件定义基础设施还可以促进服务器、存储设备和阵列、网络和安全解决方案的分布式部署，同时促进其集中式监控、测量和管理。软件支持带来了许多好处，因此，为实现更深入和决定性的优化，架设的云基础设施正在变得软件化。各种日志和运营数据被积累起来，并有意识地进行收集、清理和处理，让管理员和其他人士了解系统运行情况，及时做出决策并有的放矢地采取行动。

2.2 云的发展历程

严格来说，云的发展历程已经走上正轨。云模式大受欢迎，其主要目标是实现组织精良而且经过优化的 IT 环境,以支持业务的自动化、加速和扩展。全球大多数企业 IT 环境的共性是臃肿、封闭、死板、静态、复杂,而且成本高昂。因此,企业和 IT 业面临的挑战是如何使其变得更有弹性、可扩展、可编程、动态、模块化和低成本。

特别是在全球范围内,企业逐年削减 IT 预算,企业 IT 团队别无选择,只能慎之又慎,通过大量开创性的、有前景的技术解决方案,以更少的成本实现更大的目标。企业明确地总结出,通过各种 IT 解决方案(服务器、存储设备和网络组件)的有效商品化、整合、集中、区域化(虚拟化和容器化)、联合和合理化,可以用更少的 IT 资源进行业务的无障碍运营。IT 运营也经历了各种技术引导的创新和颠覆,来进行所需的合理化和优化。当今为实现 IT 产业化而采取的简化和标准化措施引起了人们的广泛关注。对诸如内存、磁盘存储器、处理能力和 I/O 功耗之类的各种 IT 资源严格进行认知监控、测量和管理,使这些资源达到最大利用率。联合并共享 IT 解决方案和服务对于战略 IT 优化至关重要。

虽然云计算领域取得了前所未有的进步,但是机遇和可能性仍然存在。软件定义云(SDC)概念最近获得了广泛认可。产品供应商、云服务提供商(CSP)、系统集成商和其他主要利益相关者,都希望拥有 SDC。实现和支持软件定义云环境的技术飞速发展,并且很快将趋于成熟和稳定,因此,SDC 的时代近在咫尺。本章专门阐述 SDC 中各种功能需求和非功能需求的启示和工程实现细节。

2.3 云化过程

云计算模式已经成为当今 IT 的主流概念,其主要技术和辅助技术都在蓬勃发展。云化运动最近硕果累累,业务应用程序及大多数 IT 基础设施和平台都做了修改,为云化做好准备,期望获取云概念最初设想的所有裨益。

虚拟化技术为云计算取得成功奠定了坚实的基础。特别是,对服务器进行逻辑分区来创建一些高度隔离的 VM。随后产生了许多标准兼容的自动化工具,用于资源配备、配置、编排、监视和管理、软件部署和交付。通过集成界面全方位查看 IT 基础设施组件已经成为新常态。因此,强大的工具发挥了非常重要的作用,使云计算无处不在。大多数与建立 IT 基础设施、软件安装、IT 管理和运营、IT 服务管理和维护等相关的人工活动都通过各种技术实现了自动化。最近，DevOps 是一个非常流行的概念，通过 DevOps 可以实现 IT 的敏捷、自适应和高性价比。通过模板、模式和工具实现自动化最近在 IT 界变得越来越普遍，这极大减少了人为错误。IT 系统的生产力通过各种方法和途径得到显著提高。这些过程同步进行，达到精简高效的目的。为了自动化需求，引入领域特定语言（DSL）。平台为实现 IT 管理和治理的加速和强化做了改进。OpenStack 等标准相继出台并得到最佳实现，加强了资源的可移植性、互操作性、可访问性、可扩展性、实时迁移等特性。综上所述，集中式管理下的计算实例和存储设备的分布式部署是云计算取得巨大成功的关键。

> **技术选择至关重要**——在当今的 IT 领域中，存在一些有竞争力但相互排斥的技术，因此，对实现技术的选择必须进行战略规划，并谨慎执行。不仅要采用适当的技术，还要采取明智的方法。换句话说，技术的选择和实施必须以严肃谨慎的态度进行，否则，即使所选技术可能合理，项目也不能取得最初期望的成功。历史清楚地表明，由于缺乏与生俱来的优势和远见，许多技术会在未发挥任何实质性作用的情况下自生自灭。鲜有技术能够长期存在并做出巨大贡献。很多技术和创新失败的主要原因，归咎于技术应用的内在复杂性或者缺乏反向创新。因此，在为企业级转型的任务关键型项目决定技术和工具时，应该认真考虑技术的适配性、适应性、可持续性、简单性和可扩展性等因素。云技术被定位为 IT 领域中最好的技术，拥有所有必要的资金、力量和潜力，可以为业务颠覆、创新和转型需求迅速做出巨大贡献。准确地说，云概念汇聚了一些公认的技术和工具，这些技术和工具可以为随后的知识时代提供最高效、最简明、最灵活的 IT 基础设施。

2.4 IT 商品化和区域化

云概念的出现给 IT 领域带来了显著的变化，这些变化继而引发了业务应用程序和服务交付的巨大转变，以及业务灵活性、生产力和可持续性的可靠强化。在形式上，云基础设施是集中式、虚拟化、自动化和共享的 IT 基础设施。云基础设施的利用率显著提高。尽管如此，仍然有一些依赖性限制了昂贵 IT 资源的充分利用。通过在各个模块间采用解耦技术消除各种各样的限制性依赖，通过编排、基于策略的配置、运营、管理、交付和维护实现更透彻、更深层次的流程自动化，链接外部知识库等，这些都是广泛使用的提高 IT 利用率、显著降低成本的方法。最近，商品化和区域化的气息开始弥漫。这两点是云化最重要的组成部分。我们从商品化技术讲起。

- **计算机的商品化**——计算机在满足商品化需求的诸多方面都经受了时间的考验。物理机/裸机通过分区实现商品化的技术已经成熟。服务器外观和稳定性也已达到商品化的稳定状态。服务器已实现虚拟化、容器化，可在众多客户端之间共享，在任何网络上可公开被发现和利用，能够提供服务，并按量收费，自动配置等服务模式朝大规模集群方向发展。通过工具可以监控、测量和管理服务器状态，可根据潜在用户、数据和处理需求等进行性能调整、策略感知和自动扩展。简而言之，云服务器已经可以感知工作负荷。但是，网络和存储设备部分并非如此。
- **网络解决方案的商品化**——在网络方面，任何 IT 数据中心及服务器环境中，价格不菲的网络交换机和路由器，以及其他网络解决方案都通过某种形式的分离来实现商品化。比如说，控制平面被提取出来，路由器和交换机只保留数据转发平面。这意味着，这些系统的智能性更低，网络单元商品化的目标在技术上具有可行性。在各种网络解决方案中，内在转发控制被巧妙地提取出来，作为软件控制器单独开发和呈现。这种转变使路由器和交换机显得愚蠢，因为它们失去了最有价值的智能。然而，这种策略上合理的分离有助于设备与其他制造商分离设备的交互。供应商之间产品的不兼容问题随着软硬件分离概念的应用而消失。现在的控制是纯软件形式，除了配置和策略更改外，任何类型的补丁都可以在控制模块中以无风险的快速方式完成。有了如此简洁有效的分离过程，路由器和交换机正在成为商品化的实体。在当今的 IT 环境中，不灵活的网络正朝着商品化网络方向稳步发展，由此产生新的业务和技术优势。
- **存储设备的商品化**——类似于网络组件的商品化，各种存储解决方案都在商品化。这种转变有许多重要的优点。以下章节中，读者可以找到关于这一关键特性的更直观、更翔实的论述。目前，商品化正在通过成熟的提取技术得以实现。

因此，商品化在云概念形成过程中扮演着非常重要的角色。为了以一种可承受的方式提高 IT 资源的利用率，并实现软件定义云环境，商品化技术现在得到越来越多的支持。

区域化是通过虚拟化和容器化技术实现的。容器化曾被预言为云时代的下一个最好的技术。市面上有很多关于 Docker 容器化的综合性书籍，因此，我们不再详细论述。

虚拟化是主要的分区技术之一。众所周知，虚拟化在实现高度优化、可编程、托管和云环境自主化方面发挥了重要作用。虚拟化推动了虚拟和软件定义 IT 资源的积累，这些资源可被发现、可通过网络访问、可严格评估、可互操作、可组合、可单独维护，并具有弹性、易管理、集中监控和简单易用等优势。IT 功能作为服务被提供，因此，我们经常听到"IT 即服务"（ITaaS）这个说法。现在的变化趋势是将每个独立的 IT 资源都当作服务。随着开创性技术的持续演进，资源配置正朝着自动化方向发展，这将产生"资源即服务"（RaaS）的新概念。

引入老生常谈的模块化技术来支持可编程的 IT 基础设施，通过弹性软件、分布式部署、集中式管理和联合等切实可行的操作过程来提取并集中所有嵌入式智能，以达到最初设想的成功。创建动态的虚拟资源池，按需分配以实现其最大利用率，对其确切用量进行精确收费，将未利用的资源进行回收，监控、检测并管理资源性能等功能，是下一代 IT 基础设施具备的基本特征。准确地说，IT 基础设施通过软件定义来实现所需的可访问性、易用性、可变性、弹性和可扩展性目标。

请求式 IT 是永恒的目标。所有类型的 IT 资源都需要预先具备对用户和应用所需 IT 资源的内在感知能力，才能在不需要任何指导、解释和人力资源参与的情况下自动满足这些需求。IT 资源需要根据不断变化的需求进行扩展，以便控制成本。也就是说，资源的完美配置是我们的目标。配置过剩会抬高价格，而配置不足则又导致性能下降。云模式利用了大量软件解决方案和专用工具，通过资源弹性来提供应用程序的可扩展能力。资源配置和取消配置中的预期动态成为云的核心和具体功能。

为各种业务软件解决方案提供大小适当的 IT 资源（计算、存储和网络）是目前的亟需。用户期望服务提供商的基础设施能够灵活地交付这些资源来满足他们不断变化的需求。目前没有一个云服务基础设施能够同时满足可扩展性、灵活性和高运营效率的要求。只有云计算中心的每个组件都能有条不紊地实现虚拟化，才能实现最终的软件定义环境（SDE）。

2.5 切换到软件定义数据中心（SDDC）

越来越多的企业开始意识到利用云基础设施、平台和应用程序支持员工生产力、协作和业务创新所可能获得的好处。毫无疑问，云化过程不仅产生业务案例和技术案例，而且产生使用案例。主要优点包括降低运营成本、提高可访问性和减少维护。这些技术进步为创新者提供了广阔的云产品发展空间，以满足不断变化的业务需求。

如上所述，导致传统数据环境产生关键转变的正是 SDDC 概念。这个新概念为大受欢迎的云模式中的许多创新奠定了可持续发展的基础。数据中心是集中存放公司所有数据的设施。不妨将数据中心视为 IT 运营和设备的中心。有些数据中心是针对独家公司的，有些数据中心是针对多家公司的。数据中心操作人员专门负责保持数据安全和服务器运行，其目的是确保业务连续性。SDDC 是一种高级数据中心，是完全虚拟化和云化的数据中心。SDDC 通过一个虚拟化的环境向传统数据中心的功能提供一种程序化的方法。这些功能包括：

- 计算。
- 网络。
- 安全。
- 服务器可用性。
- 存储。

SDDC 使用自动化来保持关键业务功能全天候运行，从而减少对 IT 人力和硬件的需求。这些中心通过企业可访问的软件平台交付每一项功能。虚拟化 I/O 是一个术语，用于描述虚拟环境中的输入/输出功能。这是 SDDC 运作方式的关键。在传统网络中，服务器有特定的硬件需求，这些硬件通过实现物理互连来共享数据和实现其他功能。但是在 SDDC 中，每台 VM 都必须利用属于其主机服务器的一部分 I/O 和带宽。随着聚合 I/O 的出现，网络技术已经能够支持 SDDC 和 ITaaS 计划。如下所述，这种转变使某些事情成为可能。

业务敏捷性——SDDC 通过重点关注平衡、灵活性和适应性三个关键方面来提高业务敏捷性。SDDC 通过合并重复的功能来提高业务生产率。这意味着多余的 IT 资源可以被释放出来，节省的时间可以花在解决其他问题上。此外，SDDC 还帮助企业提高投资回报率（ROI），从而使其可以将更多资金用于增加新业务功能。

降低成本——一般来说，与传统数据中心的数据存储相比，运营 SDDC 的成本更低。传统数据中心由于业务性质，不得不收取更高的费用来支付全天候员工、安全和诸如构建硬件环境等运营所需的成本。企业若将数据存储在内部，则需要额外的 IT 人力、昂贵的设备、时间和维护。企业如果不重视数据存储，则可能会因数据泄露而付出代价。昂贵的硬件出现故障是导致数据丢失的另一种可能性。SDDC 按月收取经常成本。其费率通常在企业可承受范围内，这使所有类型的企业均可使用 SDDC，即使那些没有大量技术预算的企业也可承受。

提高可扩展性——SDDC 通过设计可以轻松地随业务一起扩展。通常来说，增加存储空间或新增功能，就像从数据设施获取修改后的每月服务报价一样简单。与那些必须通过为新增服务器腾出更多空间、采购硬件和软件来进行扩展的企业相比，这种方式的优点相当显著，更不用说节省了需要增加人力来进行转型的开销了。传统数据中心的吸引力一直在于减轻了企业的负担，让其内部 IT 团队在规模扩大时专注于战略。但是 SDDC 在这方面更进一步，提供的可扩展性潜能无限。

综上所述，SDDC 在当今的数字经济中还是凤毛麟角，但是技术趋势表明它们将不再是什么新鲜事物。在此之前，随着越来越多的企业将其自动化 IT 功能虚拟化，对类似 SDDC 的产品及能编写其代码的 DevOps 专业人员的需求将持续增加。实际上，SDDC 提供了一种创新方式来存储数据，这种方式适合希望通过使用 DevOps 来推进数字转型的企业组织。

总的来说，企业在数字化发展过程中面临持续创新的压力，这推动了更快交付 IT 服务并支持敏捷应用程序开发和部署的需求。更具体地说，为了获得竞争优势，企业必须：

- 通过多层应用程序的快速自动化配置激励数字创新。
- 通过管理复杂的异构环境大规模降低成本。
- 降低自动化云合规性和治理的风险。

这些业务结果可以通过实施云管理策略来实现，这些策略可以在支持业务敏捷性的同时，管理复杂环境中的风险。

2.6 软件定义基础设施（SDI）的出现

上面已经讨论过商品化原则。如今的世界充斥着"软件定义一切"的时髦说法，软件定义成为下一代云环境的实现机制。正如人们普遍接受的那样，软件正在渗透到每一个有形事物中，带来的自动化趋势不可抗拒。决策支持、激活、控制、路由、交换、管理、治理及其他相关联的策略和规则都以软件形式进行编码，从而在产品安装、管理、配置和定制等方面带来所需的灵活性。简而言之，任何IT产品（计算、存储和网络）的行为均通过软件定义。传统上，所有相关的智能都被嵌入到IT系统中。现在，这些内在的东西正从此类系统中剥离出来，并在独立的设备、VM或裸机服务器中运行。这种剥离的控制器能与多个IT系统一起工作。在软件控制器中，并不是嵌入IT系统内部的固件上，使得策略修改更加快捷。准确地说，通过深层自动化和基于软件的配置来实现对硬件资源的控制和操作是实现SDI所追求目标的主要推动力。

SDI应该具备对业务需求的感知和适应能力。这些基础设施根据业务变更自动进行治理和管控。也就是说，复杂的IT基础设施管理是根据业务方向和目标自动完成的。业务目标已通过文字编写到软件定义中。业务策略、合规性和配置需求，以及其他关键需求也都以软件形式记录。通过这种可重复、可快速部署的模式和自动配置的组合，确保业务在正确轨道上的运行。编排模板和工具、CMP（如OpenStack）、自动化软件部署解决方案、配置管理和工作流调度解决方案等都是为了加速实现资源配置、监控、管理和交付，并实现其自动化。这些解决方案属于软件定义的范畴。SDI自动编排其所有资源，以几乎实时的方式满足各种工作负荷需求。基础设施平台汇集了诸如操作分析、日志分析、性能分析和安全分析等各种实时分析功能。综上所述，SDI非常敏捷、灵活、高度优化、有组织，而且对工作负荷相当敏感。从SDI中获得的敏捷性必然会产生大家所期盼的业务敏捷性。随着SDI的到位，企业期望值与IT供应之间的差距逐步缩小。SDI不仅包括虚拟服务器，还包括虚拟存储和虚拟网络。SDI还有其他一些名称。VMware将其称为软件定义数据中心SDDC，其他商家将其称为软件定义环境SDE、软件定义云SDC、云化数据中心（CeDC）。我们这里使用SDC这个名称。

2.7 软件定义云（SDC）的主要构件

SDI是SDC的关键组成部分。也就是说，SDC包含软件定义计算、存储器和网络组件。成熟完备的服务器虚拟化让软件定义计算机成为现实。高度智能化的虚拟机监视器（VMM）是处理计算机中（VM和裸机服务器）创建、配置、解除配置、动态迁移、停运等工作的完美软件解决方案。先进云计算中心的大多数服务器是虚拟化的，显然服务器虚拟化正趋于稳定状态。在某种意义上说，SDC 只是服务器虚拟化的逻辑扩展。服务器虚拟化极大地提高了计算能力的部署。类似地，SDC 对托管应用程序所需的所有资源执行相同的操作，包括存储、网络和安全性。

过去，配置一台服务器来托管应用程序需要几周的时间。现在，片刻即可配置好一台虚拟机。即使容器也可以在瞬间配置到位。这就是虚拟化和容器化的威力。通过虚拟化平台实现的这种速度和规模正在扩展到其他 IT 资源。也就是说，整个云计算中心将通过完全虚拟化来适应 SDC 的时代。

SDC 中的所有 IT 资源都已虚拟化，因此可以自动配置和提供这些资源，并为安装应用程序做好准备，而不需要任何人工干预和介入。应用程序可以在片刻内达到运行就绪状态，因此，创造价值的进程大幅缩短，IT 成本显著降低。在服务器虚拟化领域有许多进步，包括大量的自动化工具、设计和部署模式、易用的模板等。由于服务器虚拟化的空前成功，云模式已成为一种行之有效的数据中心转型和优化方法。这种引人注目的成功还渗透到数据中心的其他重要组成部分。IT 资源被虚拟化，具有了极大的弹性，可远程编程、使用简便、可预测、可测量和可管理。随着全面而紧凑的虚拟化横扫数据中心的每一个组件，各种资源进行分布式部署但集中进行监控、测量和管理的目标即将实现。服务器虚拟化大大改进了数据中心的操作，使 IT 部门能够合并和共享计算资源池，从而显著提高性能、效率和经济性。根据 100%虚拟化的战略目标，下面将重点介绍网络虚拟化的方法。

网络虚拟化——服务器虚拟化在云计算中扮演了关键性的、最重要的角色。除了灵活管理计算资源之外，服务器虚拟化还可以轻松实现按需进行快速配置的目标。严格地说，服务器虚拟化还包括 OS 视角下的网络接口虚拟化，但是不涉及网络解决方案（如交换机和路由器）的任何虚拟化。网络虚拟化的关键是通过共享同一个物理网络来派生多个隔离的虚拟网络。这种范式的转变为虚拟网络带来真正的差异化能力，使其能够在相同的基础设施上共存，为数据中心的自动化和转换带来好处。此外，不同地理位置的分布式云计算中心的虚拟机可以互联在一起协同工作，实现更大更好的业务目标。这些虚拟网络可以按需设计和部署，并动态分配，以满足不同业务应用程序的不同网络需求。虚拟网络的功能在不断变化。虚拟网络不仅可以方便地满足基本的连接需求，还可以进行调整，来提高特定工作负荷的性能。图 2.1 生动地说明了服务器虚拟化与网络虚拟化之间的区别。

第 2 章 解密软件定义云环境

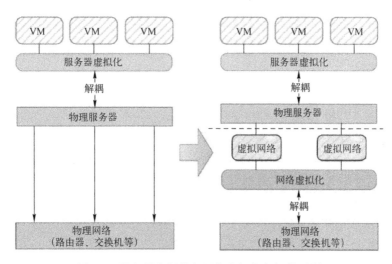

图 2.1 服务器虚拟化与网络虚拟化之间的区别

2.8 网络功能虚拟化（NFV）

任何 IT 环境中都有多种网络功能，例如负荷均衡、防火墙、路由和交换等。我们的想法是将现有的虚拟化功能引入网络领域，这样我们就可以实现虚拟化的负荷均衡、防火墙等。快速发展的 NFV 领域旨在改变网络运营商及通信服务提供商构建并运行通信网络及其网络服务的方式。

NFV 最近引起了广泛关注，网络服务供应商们众口一心，说服其产品零售商放弃专用设备，转向纯软件解决方案。这些软件解决方案已经在商品服务器、存储设备和网络单元（如交换机、路由器、应用程序交付控制器（ADC））上运行。通过采用 NFV 技术，通信服务提供商和 CSP 均可显著降低资本和运营成本。功耗大幅下降，散热也急剧下降，聘请专家管理和运营特殊设备的成本同时大幅下降，新型服务和高级服务从构思到推向市场的周期更短。由于其软件驱动的方法，NFV 还允许服务提供商实现更高程度的运营自动化，并简化运营过程，如容量规划、作业调度、工作负荷整合、VM 部署等。

在 NFV 环境中，诸如服务部署、按需分配网络资源（如带宽）、故障检测、及时恢复和软件升级等重要操作流程均可以编程方式自动化执行。这种由软件实现的自动化将流程时间缩短到几分钟，而不是几个星期或几个月。运营团队无须亲自访问远程位置来安装、确认、诊断和修复网络解决方案，而是通过远程方式监控、测量和管理各种网络组件。

简而言之，这一切都是为了利用虚拟化将各种网络设备（防火墙、交换机、路由器、ADC、EPC 等）整合到符合行业标准的 x86 服务器上，其好处是可以提高企业敏捷性、自主性和承担能力。

软件定义网络（SDN）——当前技术发展趋势表明，网络和网络管理必将发生翻天覆地的变化。当前数据中心仍广泛使用尚未虚拟化的物理交换机和设备，这些交换机和设备仍然是静态运行，配置缓慢。而且，在配置每家供应商的设备时，环境要求具有大量经过认证的专业知识。网络解决方案缺少实现远程发现和配置的 API 生态系统。简而言之，目前缺乏可编程的网络。针对当前运行不灵活的封闭式网络环境和连接解决方案，很难实现预期的自动化（资源配置、扩展等）。其结果是昂贵的网络设备得不到充分利用。此外，若要雇用受过高等教育和经验丰富的网络管理员，其费用肯定较高。因此，除了在网络领域引入一系列节俭务实的创新，其明确任务是大幅削减资本及传统网络架构运营产生的费用，显然，这正是专业技术人士和业务高管想要得到的。

随着虚拟化技术对服务器整合和优化方面做出巨大贡献，网络虚拟化的概念也被提出。与成熟的服务器虚拟化相比，网络方面的虚拟化则是另辟蹊径。将网络控制从路由器、交换机等各种网络设备中分离出来，集中形成一个强大的集中式控制器，为数据中心带来了诸多战略优势。通过集中控制器中面向服务的模块化软件库可以实施策略配置和操作，因此，新术语软件定义网络 SDN 得到蓬勃发展并大受欢迎。它不是使用独立接口来单独管理网络资产，而是通过综合性的易用精细接口来进行集中控制。API 方法具有一种内在的能力，可以为各种 IT 资源和资产的可发现性、可访问性、可用性和可组合性提供技术支持。简单地说，硬件基础设施编程正在成为现实，因此，各种 IT 资源的远程操作和管理也成为可能。

控制平面管理交换机和路由表，而转发平面实际执行网络二、三层的过滤、转发和路由功能。简而言之，SDN 将决定将流量发送到何处（控制平面）的控制系统与将流量转发到选定目的地（数据平面）的底层转发系统解耦合，这种思想带来了创新。因此，符合标准的 SDN 控制器提供了一个可被广泛应用的 API 生态系统，可以用来集中控制不同层中的多台设备。与传统的网络方法相比，这种提取且集中的方法提供了许多具有重要战略意义的改进。例如，将网络的控制平面与其数据平面完全解耦合已成为趋势。控制平面在集群配置运行，可以按需配置各种数据平面交换机和路由器来支持业务所需。这意味着可以以有效的方式在网络层面管理数据流。数据可被发送到任何需要这些数据的地方，在存在安全威胁时，也可以被屏蔽掉。

网络单元的配置和控制方面的分离，以及灵活的软件实现，也意味着现有策略可被修改，可按需创建或者插入更新的策略，使所有相关联的网络设备能够以环境感知方式工作。众所周知，政策的制定和执行是为网络运营带来所需灵活性和活力的公认机制。如果某个特定应用程序的数据流意外需要更多带宽，SDN 控制器会实时主动识别变化的需求，并相应地将数据流重新路由到正确的网络路径。准确地说，通过 SDN 物理约束大幅减少。如果需要将一台安全设备插入到两层中，可以很容易地在基础设施层面完成，而不需要更改任何内容。另一个实例是最近出现的"自带设备（BYOD）"现象。各种员工自己的设备均可自动配置，相应进行授权，随时随地接入企业网络。

SDN 的主要动机——在 IT 世界，多项趋势都预示着 SDN 会飞速发展和广泛使用。目前全球各地在兴建支持云的数据中心（CeDC），以互联网订阅方式向全球的企业和个人提供大量精心策划的云服务。除了集成中间件解决方案外，应用程序和数据库服务器日益分散，而分布式资源的治理和管控则以集中方式完成，使得单点视图（SPoV）成为急需。由于数据中心体量庞大，如今内部和外部的数据流量都呈爆炸式增长。首要需求是灵活进行流量管理，并确保"按需提供带宽"。

IT 消费化是另一个引人注目的趋势。企业用户和高管在日常事务中越来越多地使用智能手机、笔记本电脑、平板电脑、可穿戴设备等一系列小型设备。正如在上文所提到的，BYOD 应用要求企业网络能够为基于策略的调整、适配和改善提供内在的支持，以动态支持用户的设备。大数据分析（BDA）对 IT 网络尤其是数据存储和传输具有显著影响。网络设备制造商的网络解决方案彼此不兼容，也使得传统网络日益复杂导致停滞不前。因此，网络架构中进行必要的改进已刻不容缓。高度复杂而烦琐的企业网络中若要具备所需要的灵活性和优化，可编程网络是一个行之有效的选择，通过网络编程突破传统网络的结构限制。

根据主要市场观察人士、研究人员和分析师的说法，SDN 自问世起就预示着网络行业最大的商业机会。最近报告估计，截至 2018 年，与 SDN 相关的业务影响可能高达 350 亿美元，占整个网络行业的近 40%。网络的未来将越来越依赖于软件，软件将大大加快网络创新步伐，如同其在计算和存储领域的表现，下面章节将阐述这一点。SDN 集全部功能于一体，将当前处于静态、功能单一的网络转变为可计算、有竞争力、有内在智能的认知平台，能够动态预测和分配资源。SDN 的覆盖范围足以支持庞大的数据中心，在支持工作负载优化、聚合、协调和高度自动化的云环境中，也能够实现其所需的虚拟化。SDN 凭借其众多优点和惊人的行业发展势头，逐步发展成云计算的新标准，而且成为企业网络的新常态。随着下一代混合云和联合云的出现，SDN 在实现 NFV 方面的作用必将大大提高。

简而言之，SDN 是一种新兴的架构，具有灵活性和自适应性，价格更便宜，是网络密集型和动态应用程序的理想选择。这种架构将网络控制和转发功能（路由）解耦，从而使网络控制变得可编程，将底层基础设施提取成应用程序和网络服务，使得网络可被视为逻辑上和虚拟化的实体。

SDN 对云的需求——由于云模式在企业部署方面具有很多好处，其占有率一直在增长。但是云环境的网络发展通常跟不上架构的其余部分。目前也出现了许多网络技术的增强，包括网络虚拟化 NV、网络功能虚拟化 NFV 和软件定义网络 SDN。SDN 无疑是最完备和超前的模式。随着云计算中心计算设备（包括 VM 和裸机服务器）的爆炸式增长，对 SDN 的需求得到了广泛关注。当前网络是静态配置的，设备管理范围在机箱级，未得到充分利用。SDN 支持端到端网络设备配置，将网络设备配置时间从几天减少到几分钟，在架构上分布更均匀，提高了利用率。

总而言之，SDN 绝对是下一代 IT 环境的游戏规则改变者。SDN 在多个异构网络单元中大大消减了网络复杂性。所有类型的网络解决方案均集中进行配置和控制，以消除各种依赖关系导致的限制，实现其全部潜力。网络功能在最佳层面按需配置，以满足应用程序的需求，与其他基础设施型号适当同步，轻松达到按需、即时、自主和智能计算的目标。

2.9 强调软件定义存储（SDS）

我们正在一步一步地进入虚拟世界，并迅速实现与虚拟 IT 概念相关的目标。今后的世界更倾向于能够随时随地获取信息和服务。这种转型需要更多的感知和模式的转变。传统数据中心旨在支持特定工作负荷和用户。这就导致孤岛式的异构存储解决方案，难以管理和配置更新的资源来满足动态需求和扩展。现有的构建模式成为实现业务创新和价值的障碍。解决这个问题对促进信息和服务的即时访问大有帮助。

毫无疑问，存储设备已经成为数据中心一个重要的基础设施组件。市场上有不同的存储类型和解决方案。最近,数据生成、收集、处理及存储的空前增长,显然表明了生产和配置更好更大的存储系统及服务的重要性。存储管理是另一个不可回避的重要话题。我们在阅读中经常看到大数据、快数据甚至海量数据等名词。大量技术驱动产生的系统使得数据的大小、范围、结构和速度都在攀升。数字化是一种势不可挡的全球趋势,它涉及人类生活的方方面面;数据资料无处不在,以惊人的速度持续增长。统计学家表示,全球每天大约产生15PB(拍字节)的新数据,数据资料总量大约每两年翻一番。无可争辩的是,与人工生成的数据相比,机器生成的数据更大。人们的期望是必须实现创新,以实现对大数据的低成本高效存储和管理。

软件定义存储(SDS)是一个相对较新的概念,在软件定义计算和网络领域取得的成功,使其广受关注。SDS 是建立和支持 SDDC 这一愿景的重要组成部分。随着虚拟化概念渗透到每一种有形资源,存储行业也被这种强大的趋势所冲击。SDS 是一种企业级存储,它使用各种商品化的廉价硬件,所有重要的存储和管理功能都由智能软件控制器来实现。有了这样清晰的划分,SDS 就可以通过底层存储基础设施的编排来交付自动化、策略驱动及与应用程序相关的存储服务。也就是说,我们构建了一个动态的虚拟存储资源池,并且可以从中动态提取资源,相应地将资源编排为适当的存储解决方案。未用的存储资源则可以合并到资源池中,服务于其他请求。所有存储模块都被商品化,存储成本随着利用率提高而降低。简而言之,存储虚拟化支持存储设备的可扩展性、可替换性和可管理性。

SDS 解决方案使企业能够使用非专有的标准硬件,并在许多情况下利用现有的存储基础设施作为企业存储解决方案的一部分,大大提高灵活性。企业还可以通过按需添加异构硬件组件来实现大规模的 SDS,从而提高解决方案的容量和性能。SDS 解决方案的自动化策略驱动管理有助于提高成本和运营效率,如管理重要存储功能,包括信息生命周期管理(ILM)、磁盘缓存、快照、复制、分段和集群等。这些 SDS 功能让用户能够在合适的时间以合适的性能和合适的成本将合适的数据自动放到合适的位置。

与传统的存储系统(如 SAN 和 NAS)不同,SDS 以相对便宜的标准硬件进行扩展,同时还继续将存储设备作为单独的企业级存储系统进行管理。SDS 通常指对数据的捕获、放置、保护和检索进行管理的软件。SDS 的特点是将存储硬件与管理这些硬件的软件进行分离。SDS 是关键推动力,它使传统单一、僵化、昂贵、封闭的数据中心向可高度扩展、开放、便宜的 SDDC 转变。SDS 的承诺是将软件与硬件分离,使企业能够购买、部署和运营存储硬件,而不必担心存储资源的过度使用、使用不足或互操作性。

基于云的大数据存储——对象存储是最近才出现的技术。基于对象的存储系统是在扁平地址空间中使用容器/存储桶来存储"对象"（数据），而不是在基于块和文件的存储系统中用常见的分级目录文件系统存储。非结构化数据和半结构化数据作为对象进行编码后存储在容器中。常见数据包括电子邮件、PDF文件、静态图像和动态图像等。容器存储相关联的元数据（创建日期、大小、相机类型等）和唯一对象 ID。对象 ID 存储在数据库或应用程序中，用于检索一个或多个容器中的对象。基于对象的存储系统中的数据通常通过网络浏览器使用 HTTP 访问，或者直接通过 REST（表述性状态转移）之类的 API 访问。基于对象的存储系统中采用扁平地址空间使其简单性和大规模可扩展性成为可能。但是这些系统中的数据无法修改，每次刷新都被存储为一个新对象。基于对象的存储主要用于 CSP 存档和备份客户数据。

分析师估计，每天生成的数据超过 200 万 TB（或 2EB）。IT 目前必须支持的应用程序包罗万象，涵盖社会计算、大数据分析、移动、企业和嵌入式应用程序等。所有这些应用程序产生的数据需要提供给移动设备和可穿戴设备使用，这使得数据存储成为必需。根据思科全球 IP 流量预测的主要结果，2016 年全球 IP 流量将达到每年 1.1ZB 或每月 91.3EB（10 亿 GB），2018 年，全球 IP 流量将达到每年 1.6ZB 或每月 131.9EB。IDC 预测，由于提供了灵活且有利于资本支出的部署方式，云存储应用得到强劲推动，2014 年云存储容量超过 7EB。此外，IDC 已预估，大数据工作负荷在 2015 年成为云存储增长最快的贡献因素之一。结合这些趋势，满足服务水平协议（SLA）中的性能要求是 IT 的首要关注点。因此，企业将越来越多地转向基于闪存的 SDS 解决方案，以显著提高性能，满足新兴的存储需求。

SDS 的关键特征——SDS 具有几个关键的架构单元和功能，这些单元和功能将其与传统基础设施区分开来。

商品化硬件——将嵌入到存储器及其关联系统中的智能分离出来，在专门设计的软件层中集中实现，必将会使存储解决方案变得更加便宜和简单，还能够实现即拿即用，由此来实现硬件的商品化。不限于物理存储设备，所有互联和中间结构也都可以实现商品化。这种分离方式对整个存储环境的集中自动化、激活和适应能力提升大有帮助。

横向扩展结构——任何 SDS 的构建都应该能通过软件实现存储资源的灵活性、可流动性和弹性配置的能力。由于存储资源的高度依赖性，传统架构阻碍了存储资源的动态添加和释放。对于软件定义云环境，存储可扩展性对于拥有高度优化的动态虚拟环境至关重要。SDS 促使了存储设备作为异构动态资源池的实现，可轻松满足急需的扩展需求。

资源池——可用的存储资源被汇集到一个可以集中管理的统一逻辑实体中。控制平面提供对系统中所有可用资源的精细粒度监控和管理。

抽象——物理存储资源逐步虚拟化，并呈现给控制平面，控制平面可以把它们抽象为分层存储服务的形式来配置和发布。

自动化——存储层带来了广泛的自动化，使其能够交付基于策略的一键式存储资源配置。管理员和用户直接根据应用程序需求（容量、性能和可靠性）请求存储资源，而不需要对 RAID 级别或驱动器的物理单元等进行配置。系统根据需要，动态地自动配置和交付存储，还能够进行监控，以及根据需求变化重新配置存储以继续满足 SLA。

可编程性——除了内置的自动化，存储系统还通过丰富的 API 提供对底层资源的精细粒度监视和控制，允许管理员和第三方应用程序通过集成控制平面实现跨存储、网络和计算层的工作流自动化。SDS 的真正强大之处在于，它能够与基础设施的其他层集成，从而构建端到端的以应用程序为中心的自动化。

SDS 的成熟加快了 SDE 的建立和维护，也使云服务提供商（CSP）和广大消费者获益。

2.10 软件定义云（SDC）的主要优点

新技术给数据中心的运营方式带来了明显变化，数据中心将基于云的应用和云本地应用作为网络服务提供给全球用户。下面是 SDC 在业务和技术方面的一些重要概念。

整合和集中式商品化、使用和维护的方便易用、即拿即用式服务器、存储设备和网络硬件解决方案，避免了在 IT 环境中部署高度专业化的昂贵服务器、存储器和网络组件。这种受云计算启发的转变大大降低了资本投入和运营成本。最重要的方面是为快速配置、部署、交付和管理 IT 系统而引入各种支持配置的自动化工具。还有其他机制，如模板、模式以及用于自动化 IT 设置和支持的域专用语言。硬件组件和应用程序工作负荷都提供了精心设计的 API，支持进行远程监控、测量和管理。这些 API 促进了系统的互操作性。其直接结果是，可以构建更加高度敏捷、自适应和可承载的 IT 环境。通过共享和自动化，硬件资源和应用程序的利用率显著提高。租户和用户可用更低的价格轻松使用 IT 设施。云技术及其智能应用最终保证了系统的灵活性、可用性和安全性，以及应用程序的可扩展性。

创造价值更快捷——IT 慢慢不再是最烧钱的部门，全球的企业已经感受到 IT 在业务转型中所做出的贡献。IT 被定位为最有竞争力的差异，是全球企业实现正确发展方向的明智选择。然而，人们总是坚持少花钱多办事，因为 IT 预算每年都在不断削减。因此，企业开始在 IT 领域通过各种公认的和潜在的创新和发明来减少支出。也就是说，无论在本地建立数据中心，还是从多个 CSP 获取恰到好处的 IT 功能，都变得更为简单快捷。资源配置、应用程序部署和服务交付也应该在更大程度上实现自动化，这样实现业务价值将会变得更轻松、更快捷。简而言之，通过云概念获得的 IT 敏捷性会被转化为业务敏捷性。

IT 成本变得可承受——通过熟练地集中和分配资源，SDC 大大提高了物理基础设施的利用率。通过自动化和共享，云计算中心显著降低了 IT 成本，同时提高了业务生产力。由于工具支持 IT 自动化、增强功能和加速，运营成本趋于降低。

打破供应商锁定——当前数据中心拥有一系列用于存储和网络需求的定制硬件，如路由器、交换机、防火墙设备、VPN 集中器、ADC、存储控制器、入侵检测和防御组件等。有了存储虚拟化和网络虚拟化，则可通过 x86 服务器上运行的软件来实现上述功能。IT 管理者可以大量采购普通服务器，并使用它们来运行网络和存储控制软件，而不是被供应商硬件套牢。通过这种转变，供应商之间的壁垒被轻松打破。修改源代码变得非常简单快速，策略很容易被建立和执行，IT 网络可以基于软件来运维和加速，存储解决方案也变得非常简单、灵活和智能。

人为干预和解释更少——SDC 通过提取、虚拟化和容器化机制实现商品化和区域化。为了更深入地达到自动化配置的目标，提供了基础设施管理平台、集成和编排引擎、集成代理服务、配置部署和交付系统、服务集成和管理解决方案等诸多平台工具。也就是说，迄今为止，手动执行的任务都已通过工具集实现自动化。这种支持大大减少了系统、存储和服务器管理员的工作量。根据优先权自动化执行各种例行、冗余和重复的任务。因此，IT 专家可以专注于他们的技术专长，通过创新和发明来促进业务弹性和稳健性的提高。

托管大量应用程序——所有类型的操作、事务和分析工作都可以在 SDC 上运行，SDC 是一种全面、紧凑、可认知的 IT 基础设施，可以确保业务运行享有最快的速度、最大的规模和智能化。SDC 还可以轻松满足业务连续性、备份和归档、数据和灾难恢复、高可用性和容错等其他关键需求。随着我们充满期待地迈入大数据、实时分析、移动性、认知计算、社交网络、IoT、人工智能、深度学习的时代，SDC 必将在未来的日子里扮演熠熠生辉的角色。

分布式部署和集中式管理——通过考虑成本、位置、性能、风险等因素，IT 资源和业务应用程序被高度分散。但是，为了牢牢掌控每一项资产和应用程序，必须通过统一的管理平台进行全方位监测。集中式监控、测量和管理是 SDC 最受欢迎的特性，通过 SDC 的这些功能可以实现对各种数据中心资源的高度同步和统一管理。

简化资源配置和软件部署——编排工具可以系统而快速地配置服务器、存储器和网络组件。由于每个资源均被赋予 RESTful 或其他 API，资源配置和管理变得更简单。策略是 SDC 实现智能运营的另一个重要组成部分。众所周知，已有一些配置管理工具，随着 DevOps 应用而逐渐普及，出现了自动化软件部署解决方案。编排平台主要用于基础设施、中间件和数据库安装，而软件部署工具负责应用程序安装。

容器化平台和工作负荷——随着 Docker 支持的容器化广泛应用，Docker 生态系统的不断发展，数据中心及其运营过程中出现了一波容器化浪潮。各种程序包、自行开发的应用、定制应用和现成业务应用程序均被容器化，IT 平台、数据库系统和中间件则通过开放源代码 Docker 平台被容器化，IT 基础设施越来越多地表现为动态容器池。因此，SDC 是最适合基础设施和工作负荷容器化的解决方案。

自适应网络——如上所述，SDC 由网络虚拟化组成，网络虚拟化确保网络功能虚拟化（NFC）和软件定义网络（SDN）的正常运行。网络带宽资源可以根据应用程序要求按需配置和提供。对于数据中心操作人员来说，管理交换机和路由器等网络解决方案仍然是一项具有挑战性的任务。在 SDC 中，数据中心的所有网络硬件都对集中式控制中心做出响应，该中心根据定义的策略和规则自动执行网络配置。动态网络资源池可以非常方便地满足网络的变化需求。

软件定义安全——云安全一直是云计算中心专业人员面临的挑战。在云环境中托管任务关键型应用程序、存储客户的机密信息和公司信息仍然是一件危险的事情。软件定义安全性是一个行之有效的手段，可确保 IT 资产、业务工作负荷和数据源的安全性，使其无法被攻破和不可渗透。基于策略的管理是软件定义安全性的关键，通过它能够确保安全策略和规则的严格合规性要求。SDC 天生具备软件定义的安全功能。

绿色计算——SDC 通过工作负荷整合和优化、VM 部署、工作流调度、动态容量规划和管理来提高资源利用率。节能意识一直被视为 SDC 可持续发展战略最重要的指标。当耗电量下降时，热耗散也明显下降，因此，绿色环保和精益计算的目标得以实现。这将通过减少有害温室气体的排放来实现环境的可持续性。

总之，曾经在静态服务器、独立服务器和专用服务器上运行的应用程序，现在托管于软件定义、策略感知、虚拟化、自动化和共享的 IT 环境中，这些环境可以进行扩展和调整，以满足不断发展的动态需求。以前需要几天或几周才能完成的资源分配请求，现在只需几小时甚至几分钟就可以完成。虚拟化和容器化增强了数据中心的运营能力，使企业能够部署商品化和分区化的服务器、存储器和网络解决方案，并且很容易进行集中和分配，以满足快速变化的应用程序需求。

2.11 结论

IT 优化不断受到全球技术领先者和杰出人士的热切关注。大量通用技术和专业技术的引入使 IT 具有了感知意识和适应性。在将 IT 增强并提升到期望高度的过程中，云模式发挥了巨大作用。通过云，业务自动化、提速和功能增强这些方面均有明显的改善。尽管如此，IT 仍有机会和可能性取得更大的进步。

领先的虚拟化技术被应用于网络和存储设备等基础设施，用来完善 IT 生态系统。其中大量采用了提取和解耦技术来引入必要的灵活性、可扩展性和可服务性。也就是说，到目前为止，所有嵌入硬件组件中的配置和运营功能都被清晰地识别、提取和集中化，并作为独立软件控制器来实现。嵌入式智能作为独立的实体进行开发，从而实现硬件组件的商品化。因此，关于软件定义计算、网络和存储管理等学科已经成为研究的热门话题。从数据中心到 SDE 的发展方兴未艾。本章重点阐述了从客户端获取和收集详细需求的行业机制。

第 3 章

软件定义存储（SDS）——存储虚拟化

3.1 绪论

存储区域网（SAN）在早期发展阶段通常被设计成客户端-服务器模式，服务器通过称为总线的互连介质连接到一组存储设备。客户端系统可以直接与存储设备通信。客户端-服务器系统直接与存储设备通信而不需要任何通信网络的这种存储架构称为直连式存储（DAS）。图 3.1 概述了 DAS 系统的总体架构。

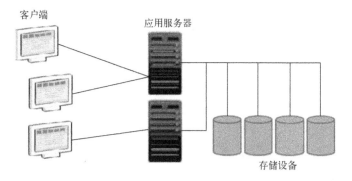

图 3.1　DAS 系统的总体架构

图 3.1 给出的架构中主要分为三层，分别是：

第 1 层：访问应用程序的客户端系统
- 通常用某种交换机或连接器将这些层连接到应用程序服务器。

第 2 层：托管应用程序的应用程序服务器
- 应用程序服务器具有输入/输出（I/O）控制器来控制连接的存储设备的输入/输出操作。I/O 控制器的用途是根据连接到存储设备所用的特定接口来工作。如果相连接的存储设备支持不同类型的接口，则每种类型的接口都有一个 I/O 控制器。

第 3 层：存储设备
- 用于存储应用程序服务器上运行的应用程序所生成的数据。

DAS 架构中存储设备支持的流行 I/O 接口

小型计算机系统接口（SCSI）

SCSI 是由美国国家标准协会（ANSI）开发的最流行的电子接口之一。并行 SCSI（也称为 SCSI）是最流行的存储接口形式之一。SCSI 连接器/接口主要用于将磁盘驱动器和磁带驱动器直接连接到服务器或客户端设备。SCSI 连接器也可以用来建立与其他外围设备（如打印机和扫描仪）的连接。源（服务器/客户端设备）使用 SCSI 指令集与相连接的存储设备通信。最新版本的 SCSI 称为 SCSI Ultra 320，其提供的数据传输速率可达 320 MB/s。还有另一种执行串行传输的 SCSI 变体，称为**串行连接 SCSI（SAS）**。与并行 SCSI 相比，串行 SCSI 增强了性能和可扩展功能。SAS 目前支持高达 6Gb/s 的数据传输速率。

集成设备电子/高级技术附件规格（IDE/ATA）

术语 IDE/ATA 实际上代表双重命名约定。IDE/ATA 中的 IDE 组件表示与计算机主板相连接的控制器的规格，用于与所连接的设备通信。ATA 组件是指用于将存储设备（如 CD-ROM、磁盘驱动器和磁带驱动器）连接到主板的接口。最新版本的 IDE/ATA 称为 Ultra-DMA（UDMA），支持高达 133MB/s 的数据传输速率。还有一个串行版 IDE/ATA 规范，称为串行 ATA（SATA）。与并行版 ATA 相比，SATA 提供增强的数据传输速率，还可提供高达 6Gb/s 的数据传输速率。

练一练

请打开计算机,列出用于与 DAS 架构中的存储设备通信的所有其他 I/O 接口。进行对比研究,确定最佳 I/O 接口选项。考虑数据传输速率、支持外围设备的类型,以及支持的最大设备数量等参数。

> **磁带驱动器与磁盘驱动器——选哪一个更好?**
>
> 与磁带驱动器相比,磁盘驱动器是更受欢迎的存储介质,因为磁带驱动器有以下局限性:
> - 数据以线性方式存储在磁带上。数据的查询和检索操作以顺序方式执行,完成时间需要几秒。这对使用磁带与其他性能密集型应用程序的实时性产生了限制。
> - 在多用户环境中,多个应用程序不可能同时访问磁带上存储的数据。
> - 在磁带驱动器中,读/写头接触磁带表面,导致磁带表面快速磨损。
> - 与磁盘驱动器相比,管理磁带介质的空间需求和开销非常大。
>
> 但是,尽管有这些局限性,磁带仍然是存储备份数据和其他不经常访问的数据类型的首选低成本选项。磁盘驱动器允许对存储在其中的数据进行随机访问操作,并且支持多用户/应用程序同时访问。与磁带驱动器相比,磁盘驱动器的存储容量更大。

第三层由存储设备组成。与这些存储设备的连接是通过与应用程序服务器相连接的 I/O 控制器来控制的。

3.1.1 DAS 的缺点

(1)静态配置:如果为了解决 I/O 瓶颈,需要动态更改总线配置来新增存储设备,则 DAS 架构不支持该选项。

(2)昂贵:DAS 系统的维护费用相当昂贵。DAS 架构不允许根据服务器工作负荷的变化在服务器之间共享存储设备。这意味着每台服务器需要具有各自的备用存储容量,以在峰值负荷时备用。这将大大增加成本。

(3)可扩展性/支持的数据传输距离有限:DAS 架构的可扩展性受到每台存储设备中可用端口数量的限制,也受到将服务器连接到存储设备的总线和电缆所支持的数据传输距离的限制。

磁盘驱动器的独立磁盘冗余阵列（RAID）

RAID 是一种用于组合一组磁盘驱动器的机制，使它们可以作为单台存储设备使用。RAID 的基本目标是提高磁盘驱动器的性能和容错能力，主要通过两种技术实现：

- 分段：将要写入的数据分割到多个磁盘驱动器上，通过均衡磁盘驱动器之间的负荷来提高磁盘驱动器的性能。
- 镜像：将数据副本存储到多个磁盘中，确保即使一个磁盘发生故障，另一个磁盘中的数据可以作为备份副本。

3.1.2　存储区域网（SAN）入门

DAS 架构存在一些缺陷，需要一类单独的网络将服务器连接到存储设备。这类网络称为 SAN。SAN 的总体架构如图 3.2 所示。

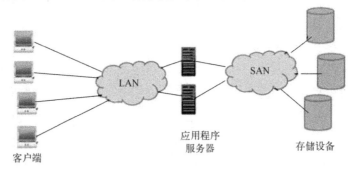

图 3.2　SAN 的总体架构

如前所述，这种架构中的应用程序服务器通过专用网络访问存储设备。这种用于访问存储设备的专用网络称为 SAN。采用专用网络处理存储设备流量便于集中存储和管理，并且大大提高了架构的可扩展性。大多数 SAN 使用的两种主要传输协议是光纤通道（FC）协议或传输控制协议/网际协议（TCP/IP）。根据使用的协议，SAN 分为 FC SAN 和 IP SAN 两种类型。存储设备访问数据的方式主要有三种：块级访问、文件级访问和对象级访问。其中，基于对象的访问机制在高性能大数据应用程序中占有重要地位。

3.1.3　块级访问

块级访问机制是 SAN 中常用的数据访问机制。块级访问机制中的数据访问是以块或数据块的形式完成的。块的大小是固定的，大多数情形中通常是 512B。

块级数据访问是通过指定线性块地址来完成的,这些地址对应于数据在磁盘中的存储单元。

3.1.4 文件级访问

文件级访问机制中的数据访问是根据指定名称和路径检索的文件来完成的。此方法最常用于从文件服务器访问文件。文件服务器提供可以通过 IP 网络访问的共享存储基础设施。这些文件服务器称为网络附加存储(NAS)。关于 NAS 的更多细节将在本章后半部分讨论。

3.1.5 对象级访问

对象级访问机制中的数据是大小可变的数据块(称为对象)。每个对象都是一个容器,能够保存数据及其相关联的属性。基于对象的访问机制是访问非结构化数据的首选方法,原因如下:
- 无限的可扩展性。
- 地址空间呈扁平结构,而不是分层结构,这种结构提供了良好的性能。
- 能够存储与每个对象相关联的丰富元数据。

基于对象的存储系统一项重要特性是能够为其中存储的每个对象提供丰富的元数据。这些元数据便于进行高效的数据操作和管理,尤其是非结构化数据。图 3.3 举例说明了基于对象的存储系统可以连接到对象的大量元数据。

图 3.3 基于对象存储的元数据表示

基于对象的存储系统中的数据是将所包含对象当作一个整体来进行操作的。例如，基于对象的存储设备中使用的命令有 create、delete、put 等。每个对象借助称为对象 ID 的标识符进行唯一标识。对象 ID 是由 128 位随机数生成器生成的，这有助于确保对象 ID 的唯一性。关于对象的其他详细信息（如位置和大小）以元数据的形式存储。

可以使用如表述性状态传递（REST）和简单对象访问协议（SOAP）这样的网络服务 API 来访问基于对象的存储设备中的数据。某些基于类型的对象的存储设备还提供对超文本传输协议（HTTP）和 XML 等协议的支持。基于对象的存储设备执行并发读/写、文件锁定和访问允许的开销非常小。这为基于对象的存储设备提供了显著的性能改进和大规模扩展能力。除此之外，与对象关联的丰富的元数据为高效执行分析操作提供了支持，因此基于对象的存储设备是存储由高性能大数据应用程序生成/使用的数据的理想选择。本章下一节将研究存储大数据的存储基础设施需求。

3.1.6 存储大数据的存储基础设施需求

大数据由大量不断变化的数据组成，这些数据具有各种各样的来源，是结构化和非结构化数据的混合体。使用大数据的关键目标是通过执行分析操作提取有用信息。由于大数据的特殊性，用于存储大数据的存储基础设施应该具有一些适合处理大数据的独特之处。这些独特之处包括：

灵活性：应该能够存储不同类型和格式的数据。这主要是为了适应海量、快速和多样性（3V）的大数据。

支持异构环境：应该通过应用程序服务器来访问 LAN 或 SAN 中的文件。这样可以在无须任何额外更改配置的前提下访问各种来源的数据。

支持存储虚拟化：存储虚拟化是一种帮助有效管理存储资源的技术。能够聚合异构类型的存储设备，并将其作为独立单元进行管理。这样有助于根据大数据应用程序不断变化的存储要求灵活高效地分配存储资源。

高性能：大数据应用程序的一个关键要求是，很多大数据应用程序要求对运行做出实时响应或接近实时响应。为了支持这项要求，存储基础设施应该具有高速数据处理能力。

可扩展性：能够根据大数据应用程序的要求快速扩展。

所有这些存储基础设施需求是 SDS 技术发展的主要动力。

下一节将分析各种类型的 SDS 技术，对应讨论此类技术对于大数据应用程序的适宜性。

3.2 本节内容编排

本节内容编排如下。第一部分概述各种 SAN 技术，第二部分介绍 SDS 技术。

3.2.1 光纤通道存储区域网（FC SAN）

FC SAN 是目前最受欢迎的 SAN 技术之一，该技术使用 FC 协议进行高速数据传输。SAN 简单来说就是指 FC SAN。FC SAN 的总体架构如图 3.4 所示。

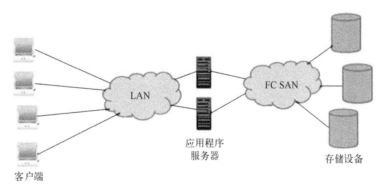

图 3.4　FC SAN 的总体架构

注：请注意此架构可能有几种变体。

FC SAN 的主要组成部分如下：

- 客户端。

- 支持 FC 协议的存储设备/存储阵列。
- 便于传输的结构。
- 交换机/路由器。
- 将应用程序服务器或主机系统连接到存储设备的主机总线适配器。

FC SAN 使用块级访问机制访问来自存储设备的数据。通过高速数据传输来提供卓越的性能。最新版的 FC SAN 提供高达 16Gb/s 的数据传输速率。FC SAN 架构具有高扩展性。FC SAN 的关键问题是建立基础设施的成本非常高，因为 FC SAN 需要专门定制的电缆、连接器和交换机。

建立 FC 网络涉及的高额基础设施成本及其无法支持文件级访问是阻碍大数据应用程序采用 FC 网络的两个主要因素。如今，与 FC 技术相比，10Gb 以太网和其他基于 IP 的技术在成本方面低得多。

3.2.2 网际协议存储区域网（IP SAN）

IP SAN 又称为 iSCSI，即 IP 上的 SCSI。此网络中，使用 SCSI 命令通过基于 TCP/IP 的网络来访问存储设备。以太网是数据传输的物理介质。以太网是一种高性价比的选项，因此，IP SAN 比 FC SAN 更受欢迎。IP SAN 中的数据也可以通过使用块级访问机制来访问。IP SAN 的总体架构如图 3.5 所示。

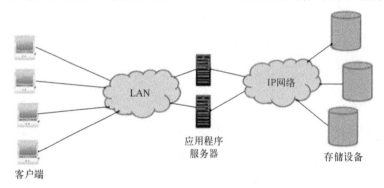

图 3.5 IP SAN 的总体架构

iSCSI 无疑是大数据存储的首选技术，原因如下：
- 采用 1/10Gb 以太网传输，大大降低了网络复杂度。
- 其成本比 FC SAN 更低。
- 由于提供的选项可利用现有的 IP 基础设施而具备更高的灵活性。
- 具备卓越的性能，因为具有若干 iSCSI 支持的存储阵列，能够提供数百万个 iSCSI IOPS 来处理大数据应用程序的高性能要求。

但是，为大数据选择 iSCSI 的主要缺点是它无法支持文件级访问。

3.2.3 以太网光纤通道（FCoE）

FCoE 技术允许在传统以太网上封装和传输光纤通道的数据帧，而无须使用以太网默认转发方案。FCoE 的这些特性允许使用公共的 10Gb 网络基础设施传输 SAN 流量和以太网流量。这就使企业可在同一网络基础设施上进行 LAN 和 SAN 的合并。FCoE 还使企业能够通过减少电缆、网络接口卡（NIC）和交换机的数量来降低其基础设施成本。FCoE 基础设施的主要组件是 FCoE 交换机，它负责分隔 LAN 和 SAN 流量。

FCoE 并非大数据应用程序的首选技术，原因如下：

- 要使 FCoE 正常工作，必须确保存储流量与 LAN 流量完全隔离。在大数据存储应用程序中这是不可能的，因为需要频繁地存储和检索不可预测的海量数据。
- 应该有一些强大的错误检测和恢复机制确保传输过程中不会丢失任何存储数据包。这主要是由于 FC 协议从数据包错误中恢复的速度较慢。这也是实际执行困难的另一个原因。

3.2.4 网络附加存储（NAS）

NAS 是一个可共享的存储设备/服务器，它执行存储文件的专用功能，可将这些文件可连接到网络中的所有类型的客户端和服务器访问。简而言之，NAS 是专用的可共享文件服务器。NAS 是通过 IP 网络访问的，它是首选的文件共享方案，因为其存储开销最小。NAS 有助于将文件共享任务从昂贵的应用程序服务器上卸载，使这些服务器可以执行其他关键操作。NAS 中用于文件共享的通用协议是网络文件系统（NFS）和通用互联网文件系统（CIFS）。NAS 的一个主要缺点是，当文件共享和其他相关数据操作通过同一网络进行时，常常会对 NAS 的性能造成瓶颈（图 3.6）。

图 3.6 NAS 的架构

目前，一种称为**横向扩展 NAS** 的 NAS 变体正在成为多数大数据应用程序的存储选择。横向扩展 NAS 提供了一种扩展性极强的架构，通过从其他存储磁盘阵列或其他存储设备新增磁盘驱动器，实现满足需求的磁盘空间扩展。这种横向扩展 NAS 的可扩展特性使其成为大数据应用程序的首选文件存储选项。横向扩展 NAS 又称为集群 NAS。横向扩展 NAS 的另一个特性是，即使添加了额外的存储资源，也可以将其作为单一资源进行全面管理，这为企业提供了很大的灵活性。

综上所述，横向扩展 NAS 的以下特点使其成为许多企业首选的大数据存储方式：

- 可扩展性：可以根据需求不受干扰地添加额外的存储设备。这让企业享有极大的成本效益，也有助于整合存储设备。
- 高灵活性：具有兼容性，UNIX 和 Windows 平台上运行的客户端和服务器也可访问。
- 高性能：使用 10Gb 的以太网介质进行数据传输，提供极高的数据传输速率和更好的性能。

市场上一些享有盛名的横向扩展 NAS 存储提供商包括 EMC Isilon、SONAS（IBM 横向扩展网络附加存储网络附加存储）和 Net App NAS 等。

3.3 高性能存储应用程序所使用的流行文件系统

本节将讨论一些用于高性能存储和大数据分析应用程序的流行文件系统。下面是一些高效的文件系统：

- 谷歌文件系统（GFS）。
- Hadoop 分布式文件系统（HDFS）。
- Panasas 文件系统。

3.3.1 谷歌文件系统（GFS）

下面列举了使 GFS 成为高性能大数据应用程序首选文件系统的一些关键特性：

- 能够存储海量大文件。GFS 中可以存储的最小文件大小是 1GB。此文件系统经过优化后可以存储和处理海量的大文件，这是高性能大数据分析应用程序生成和使用数据的典型特征。
- GFS 由大量的商用服务器组件组成，这些组件以集群模式部署，具有高度的可扩展性。现有的部署环境中很多拥有 1000 多个存储节点，磁盘空间超过 300 TB。这些部署极具活力，具有高度的可扩展性，成百上千的客户端可以连续频繁地对其进行访问。除此之外，GFS 还具有容错能力。
- GFS 具有最适合大多数高性能大数据分析应用程序的内存架构。

GFS 体系架构如图 3.7 所示。

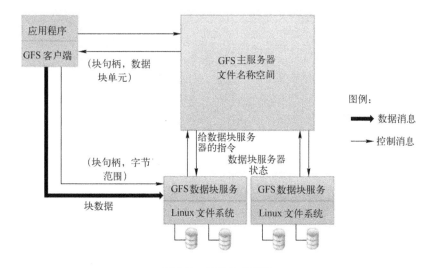

图 3.7　GFS 体系架构

架构的主要组成部分如下：
- GFS 主服务器。
- GFS 数据块服务器。
- GFS 客户端，可访问来自文件系统的数据。

GFS 架构具有主从配置，其中有一台 GFS 主服务器和多台数据块服务器，这些数据块服务器可由多个客户端访问，如图 3.7 所示。数据块服务器通常安装 Linux 操作系统，上面运行着户级服务进程。如果机器有配置来支持两个组件，也可以在同一台服务器上运行数据块服务器和 GFS 客户端。

文件以固定大小数据块的形式存储在 GFS 中。每个数据块使用唯一的 64b 标识符进行标识，又称为块句柄。这个块句柄在创建时由 GFS 主服务器分配给每个数据块。数据块以 Linux 文件的形式存储在数据块服务器的本地磁盘中。

每个 Linux 文件或数据块都有一个块句柄和为其分配的字节范围。存储时每个数据块被复制并存储到多台数据块服务器中,这就增强了 GFS 中所存储数据的可靠性。为每个文件创建的默认副本有 3 个。但是,也有一些配置根据需求为不同类型的文件定义不同的复制级别。

GFS 主服务器存储文件系统的元数据信息。GFS 主服务器存储的元数据参数如下:

- 名称空间。
- 访问控制信息。
- 文件到数据块的映射。
- 数据块的当前单元。

GFS 主服务器还执行以下数据块管理方面的工作:

- 孤立数据块的垃圾收集。
- 数据块服务器之间数据块的迁移。
- 数据块租赁管理。

GFS 总是部署在集群配置中。因此,有必要定期监控各种数据块服务器的运行状况。此任务由 GFS 主服务器通过与数据块服务器交换心跳消息来完成。

每个应用程序的 GFS 客户端都使用 GFS API 与 GFS 主服务器和数据块服务器通信。GFS 客户端仅在与元数据相关的操作中与 GFS 主服务器交互。所有其他类型的文件操作都是由 GFS 客户端通过与数据块服务器交互来执行的。GFS 客户端和数据块服务器不支持高速缓存。这主要是为了避免由于缓存大文件而造成的性能瓶颈。

当 GFS 客户端要访问一个文件时,客户端将向主服务器发出一个请求。主服务器将查询并检索与特定数据块单元相关联的文件名。然后,客户端系统通过访问各个数据块服务器中的数据块单元来检索数据块。安全性和访问权限由主服务器维护。当客户端向主服务器发出请求时,主服务器将引导客户端访问数据块的第一副本,并确保在此期间不更新此数据块的所有其他副本。主数据块修改完毕后传递给其他副本。这个过程中,主服务器可能会导致整个架构的性能瓶颈,而且同步错误也可能导致整个文件系统的故障。

3.3.2　Hadoop 分布式文件系统(HDFS)

Apache™ Hadoop® 是一个开源软件平台,支持跨服务器集群的分布式大数据处理。这个平台具有巨大的可扩展性,可以从一台服务器扩展到数千台服务器。Apache Hadoop 有两个主要组件，分别是：
- Map Reduce（映射归约）——一个框架，能够理解作业，然后将作业分发到 Hadoop 集群中的各个节点。
- HDFS——一个文件系统，分布在构成 Hadoop 集群的所有节点上，用于数据存储。它连接许多本地节点上的文件系统，然后将它们转换成一个大型文件系统。

为什么要用 Hadoop 来进行高性能的大数据分析？

下面列举了 HDFS 适合高性能大数据分析的特点：
- **大规模可扩展性**——可以不受干扰地添加新节点，即可以在不更改现有数据格式，也不更改现有数据加载机制和程序的情况下新增节点。
- **低成本**——Hadoop 为商用服务器提供了大数据处理能力，继而大大降低了企业的单位存储成本（每 1TB）。简而言之，Hadoop 对于所有类型的企业来说都是一种划算的存储方案。
- **灵活性**——Hadoop 没有任何规定的数据结构。这有助于 Hadoop 存储和处理来自各种各样类型数据源中所有类型的数据，无论是结构化数据，还是非结构化数据。Hadoop 的这一特性允许连接和聚合来自多个数据源地数据，便于更深层次的数据分析，以得到更理想的结果。
- **容错**——当集群中的一个节点发生故障时，系统会将作业重新定向到数据的另一个单元继续处理，而不会降低性能。

3.3.3　HDFS 的架构

HDFS 具有可大规模扩展和容错的体系架构，如图 3.8 所示。该架构的主要组件是名称节点（NameNode）和数据节点（DataNode）。这些节点以主从配置方式运行。每个集群通常有一个名称节点，由其充当主服务器，并执行以下操作：
- 管理文件系统名字空间。
- 管理安全性，调节客户端对文件的访问权限。

通常，Hadoop 集群中的每个节点有一个数据节点。这些节点跟踪连接到节点的存储设备。HDF 有一个文件系统名字空间，数据是按照文件来存储和检索的。这些文件可以作为数据块的集合在内部存储。数据块可以被分割到几个数据节点上。所有与文件系统名字空间相关的操作都由名字节点处理。名字节点还跟踪数据块到数据节点的映射。数据节点负责根据客户端请求执行读取/写入操作。

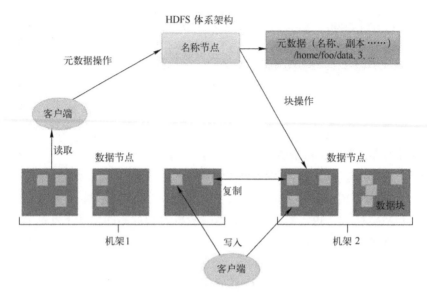

图 3.8 HDFS 的体系架构

HDFS 具有大规模可扩展性的主要原因是将名字空间和数据分别存储。元数据操作通常非常快，而数据访问和传输操作需要很长时间才能完成。如果数据和元数据操作均通过同一台服务器完成，就会在服务器上产生瓶颈。在 HDFS 架构中，元数据操作由名字节点处理，数据和传输操作则利用整个集群的吞吐量分布在数据服务器上。

3.3.4 Panasas

Panasas 是一个高性能存储系统，可以作为文件系统使用 POSIX 接口来访问。因此，它同时也称为 Panasas 文件系统，本章中也将其称为 Panasas 文件系统。

Panasas 文件系统是大数据分析应用程序所使用的高性能分布式文件系统。Panasas 文件系统采用集群设计，为同时访问文件系统的多个客户端提供可扩展的性能。Panasas 文件系统的以下特点使其适合高性能大数据分析：

- 逐个文件客户端驱动型 RAID。
- 基于对象存储。
- 并行 RAID 重建。
- 容错。
- 缓存一致性。

- 大规模可扩展性。
- 分布式元数据管理。

Panasas 文件系统是一个高性能文件系统,为世界上一部分最大型服务器集群提供文件服务,这些服务器集群执行数据密集型实时操作,如科学计算、空间研究、地震数据处理、半导体制造和计算流体动力学等。所有这些集群中有成千上万个客户端同时访问数据,因此文件系统上的 I/O 操作使系统产生了巨大的负荷。Panasas 文件系统的目的是在巨大的 I/O 负荷下进行扩展,从而提供最佳性能,它还提供了拍字节(PB)级甚至更大的存储容量。

Panasas 文件系统采用对象存储技术,使用基于对象的存储设备进行数据存储。Panasas 文件系统中的对象包含打包到单个容器中的数据和属性。它与 UNIX 文件系统中使用的 inode 概念非常相似。

Panasas 存储集群的关键组件是存储节点和管理节点。管理节点与存储节点的默认比例是 1:10,但是可按需配置。存储节点具有对象存储区,文件系统客户端可以访问这些对象存储区来执行 I/O 操作。这些对象存储区在基于对象的存储设备上实现。管理节点管理存储集群的各个方面。管理节点的功能将在后面详细说明。

每个文件被分割成两个或多个对象,以提供冗余和高带宽访问。文件系统语义由元数据管理器实现,元数据管理器可以调节来自文件系统客户端对象的访问权限。客户端通过 iSCSI/OSD 协议访问对象存储区进行读写操作。I/O 操作绕过元数据管理器,直接并行操作存储节点。客户端通过远程过程调用(RPC)与带外元数据管理器进行交互,以获取对存储文件的对象访问功能和此类对象的位置信息。

对象属性用于存储文件级属性,目录通过将名称映射到对象 ID 来实现。因此,文件系统元数据保存在对象存储区本身中,而不是保存在单独的数据库或以其他形式存储在元数据节点上。

练一练

请打开台式机/笔记本电脑,列出一些 Panasas 文件系统实现的实例。重点关注科学研究领域的例子。深入研究 Panasas 文件系统适合此类实现方式的特点。在下面的空白处列举出来:

1...
2...
3...

Panasas 文件系统的主要组件如图 3.9 所示。

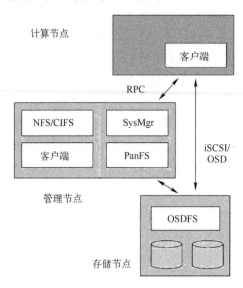

图 3.9 Panasas 文件系统主要组件

Panasas 文件系统各组件的作用总结如表 3.1 所示。

表 3.1 Panasas 文件系统各组件的作用

Panasas 组件	说　明
客户端	Panasas 客户端以可安装的内核模块形式提供。客户端在 Linux 内核中运行。客户端使用标准的 VFS 接口来实现。安装 Panasas 客户端的主机系统使用 Posix 接口连接到存储系统上
存储节点	每个存储集群节点都运行在基于 BSD 的免费 Linux 平台上。每个存储节点都有附加功能来执行以下服务： ● 硬件监控 ● 配置管理 ● 整体控制 存储节点使用一个基于对象的存储文件系统，其名称为 OSDFS。OSDFS 作为 iSCSI 目标被访问，并使用 OSD 命令集进行操作。OSDFS 主要执行文件管理功能。OSDFS 执行的一些其他功能包括： ● 高效利用磁盘臂 ● 介质管理 ● 基于对象的存储设备（OSD）接口管理
SysMgr （集群管理器）	维护全局配置并控制 Panasas 存储集群中的其他服务和节点。具有一个既提供命令行界面（CLI）又提供图形用户界面（GUI）的应用程序。集群管理器执行的主要功能如下： ● 存储集群的成员管理 ● 配置管理 ● 故障检测 ● 管理系统操作，如系统重启和更新

第3章 软件定义存储（SDS）——存储虚拟化

续表

Panasas 组件	说明
Panasas 元数据管理器（PanFS）	管理跨基于对象存储设备中的数据分段。PanFS 作为用户级应用程序运行于每个集群管理器节点上。执行以下分布式文件系统功能： ● 保护多用户访问 ● 保持文件级和对象级元数据的一致性 ● 从客户端、存储节点和元数据服务器崩溃中恢复
NFS/CIFS 服务	用于向无法使用 Linux 文件系统来安装客户端的客户提供 Panasas 文件系统访问服务。CIFS 是基于 Samba 的用户级服务。NFS 服务使用调优版的标准 FreeBSD，作为内核级进程运行

练一练

将 A 栏中的条目与 B 栏中所列选项正确匹配

A 栏	B 栏
（1）集群管理器	（a）管理数据分段
（2）PanFS	（b）维护全局配置
（3）存储节点	（c）硬件监控

Panasas 中的存储管理

访问 Panasas 的客户端系统只有一个挂载点，通过这个挂载点可以访问整个系统。客户端系统可以借助/etc./fstab 文件了解元数据服务实例在集群管理器中的位置。存储管理员可以不受干扰地在 Panasas 的存储池中新增存储设备。此外，Panasas 还嵌入了自动存储发现功能。

为了理解 Panasas 中存储管理的过程，需要先了解 Panasas 环境中的两个基本存储术语：BladeSet（刀片组）——物理存储池，Volume（卷）——逻辑配额树。刀片组是指存储刀片模块的集合，构成 RAID 故障域的一部分。刀片组还为其中存在的卷标记物理边界。任何时候均可通过存储刀片模块或者将多个刀片组结合在一起来扩展物理存储池。

卷指目录层次结构，具有为其分配的专属特定刀片组配额。分配给卷的配额值可以随时变更。但是，卷在使用之前是不会为其分配容量的。这导致多个卷在其刀片组之内竞争空间，进而按需增加大小。文件系统名字空间中的卷以目录形式出现，位于整个 Panasas 文件系统的单个挂载点之下。在增加、删除或更新新卷时，不需要将挂载点更新到 Panasas 文件系统。每卷均由一个单独的元数据管理器跟踪和管理。文件系统错误恢复检查也是在每个卷上独立完成的，一个卷上的错误不会影响其他卷的功能。

3.4 云存储简介

云计算为信息存储和程序运行的相关技术带来了革命性的变化。从此无须在独立台式机/笔记本电脑上运行程序和存储数据,一切托管在"云"中。谈到从云访问一切时,还应该有一些存储机制帮助用户在需要时从云端存储和检索数据,从而引出云存储的概念。

云存储不是指任何特定的存储设备/技术,而是指用于在云计算环境中存储数据的大量存储设备和服务器的集合。云存储用户未使用特定的存储设备,而是使用采用某些访问服务的云存储系统。云存储的以下参数使其成为高性能大数据应用程序的首选:

- 资源池:存储资源以资源池的形式进行维护,按需即时分配。
- 随需配置容量:企业可以根据大数据应用程序的需求从存储池中利用存储资源。由于云基础设施具有高度弹性和可扩展性,因此可以支持无限扩展。
- 成本效益:按资源用量付款的能力为企业提供了显著的规模经济效益。

注:下面给出的云存储架构并非专门针对公有云或私有云,而是描述了任何类型云中的通用云存储架构。但是,私有云中的存储设备由于为企业增强了安全性,因此在任何时候都是首选项。

云存储系统的分层架构如图 3.10 所示。

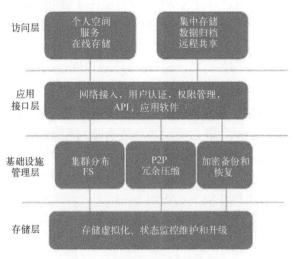

图 3.10 云存储系统的分层架构

1. 存储层

如上所述，存储层是云存储架构中的最底层，包含不同类型的存储设备。下面列举该层的某些存储设备示例：

- FC 存储设备。
- IP 存储设备，如 NAS 和 iSCSI。
- DAS 存储设备，如 SCSI。
- 基于对象的存储设备。

这些存储设备可能存在于地理上分散的区域，通过因特网或广域网（WAN）等网络技术相互连接。存储层具有统一的存储管理系统，该系统能够在一个存储池中管理所有这些异构类型的设备，并按照服务（如存储即服务或 IaaS）的形式配置这些设备。此层中使用的关键基本概念是存储虚拟化。这种技术提供将不同性能级别的异构存储设备作为单个实体进行管理的功能。因此，在这一层执行的统一存储管理活动也可以称为虚拟存储管理。

2. 基础设施管理层

基础设施管理层位于存储层的上一层，顾名思义，是为统一管理存储层中的基本存储设备提供必要的基础设施。通过使用诸如集群和网格之类的技术，提供了诸如安全性、空间管理、备份和存储整合等各种重要功能，因此基础设施管理层是非常关键的。以下是该层提供的主要服务：

- 备份：采取多重备份来保证存储在云端的数据在任何情况下都不会丢失。
- 灾难恢复：在发生任何类型的数据丢失时，采取措施来恢复数据。
- 加密：通过将数据转换成攻击者或恶意用户无法理解的格式，增强数据的安全性。
- 压缩：通过删除数据中出现的空格来减少数据占用的空间。
- 集群：聚合多个存储设备/服务器来提供更多存储容量。

3. 应用程序接口层

应用程序接口层用于提供各种接口/API 来支持企业提供或使用的云存储用例。云存储用例的一些常见示例有数据归档应用程序、备份应用程序等。不同的云存储服务提供商根据各自提供的服务，开发个性化的自定义应用程序接口。

4. 访问层

任何授权用户如果经注册后可从特定 CSP 访问云服务，通过标准的公共应用程序接口登录到云存储系统来使用所需的云存储服务。不同的云存储服务提供商使用的访问机制的类型不同。访问层给出的目录会提供价格和其他使用细节，以及由特定服务提供者提供的服务水平协议细节。

在这方面需要提到的一个重要概念是云驱动器。云驱动器充当网关来访问许多供应商提供的云存储设备。云驱动器的体系架构如图 3.11 所示。

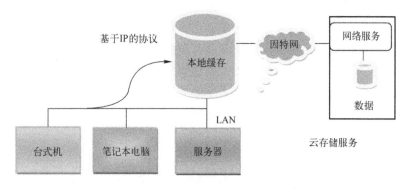

图 3.11　云驱动器的体系架构

云驱动器支持对许多领先云存储服务提供商所提供的存储服务的访问，包括 Microsoft Azure、Amazon S3、Amazon EC2、EMC Atmos。云驱动器屏蔽了基本存储设备的复杂性，允许终端用户与访问本地存储设备一样访问云存储。计算机通过一些基于 IP 的协议连接到云驱动器所在的局域网（LAN）来存取数据。云驱动器服务使用因特网连接与云存储服务提供商进行通信。每当生成的数据增加时，云驱动器服务就开始将数据转移到云存储服务提供商的存储基础设施中。如果用户请求的数据可从云驱动器的本地缓存中获得，则会大大提高性能。

任何云存储系统最重要的需求之一是允许在各种异构的商业应用程序之间共享数据。为了确保在这些应用程序之间顺利共享数据，必须实现数据的多级互锁机制。另一个需要关注的重要方面是，为了保持相同数据副本的一致性，应该确保缓存的一致性。

此外，云存储架构的存储层中最重要的特点是存储虚拟化。存储虚拟化是云存储架构的核心技术。下一节将阐述存储虚拟化概念。

3.5 存储虚拟化

存储虚拟化是一种机制，确保将不同异构类型的存储设备作为一个单元进行存储和管理，进而支持统一的存储管理、轻松部署和对整个存储基础设施的集中管控。存储虚拟化的主要任务是将可用存储设备划分成虚拟卷。虚拟卷可以通过组合不同类型的存储设备来创建。提取该卷中存在的存储设备细节后，这些虚拟卷将作为存储设备呈现给操作系统。虚拟卷可按存储要求进行扩展、创建和删除，而不需要停机。创建虚拟卷的过程中使用了各种技术。云存储中最常用的一些技术是存储分层和精简配置。存储虚拟化具备的主要优点如下：

- 提供统一的存储管理功能。
- 促进异构存储设备的聚合。
- 允许按变化的存储需求分配和释放存储资源。
- 提供存储基础设施的可扩展性。

3.5.1 精简配置

当今企业面临的主要难题之一是，分配给各种应用程序的大部分存储容量处于闲置状态，这对企业来说是一件代价十分高昂的事情。这种情况大多数是由于存储需求的过度配置造成的。某些情况下，预期存储容量的提前投资也会导致这种情形，但是以后可能会有所改变。我们思考以下情境来加深对这种情况的了解。据估计，ABC 企业的归档要求在两年期间需要大约 50TB 的存储容量，平均每六个月使用 12.5TB。大多数情况下，企业将预先购买 50TB 的存储空间，计划供两年内使用。设想企业前期投入的成本，而仅仅在下一年就会用掉 50%以上的存储空间，前期该投入多少？除初始资本支出外，闲置存储容量管理涉及的其他隐性成本如下：

- 能耗：闲置的存储设备会消耗电能并产生热量，这将增加电能消耗需求。这也违反了大多数企业秉持的"绿色环保"政策。
- 占用空间：闲置的存储设备会占用不必要的空间，而这些空间本来可以分配给其他有用的基础设施组件。

由于各种未预料到的因素，上述示例中考虑的归档应用程序的预期存储需求也可能会大幅降低。这种情况下，在获取存储容量方面投资的金额会发生什么变化？这种情况在企业中司空见惯。为了解决所有此类情况的问题，虚拟配置或精简配置成为有效手段。

虚拟配置指根据实际需要配置存储空间。这种技术中，逻辑存储空间是根据预期的需求分配给应用程序的。实际分配的存储空间比逻辑存储空间少得多，并且是基于应用程序的当前需要。只要应用程序的存储需求增加，就将存储空间从公共存储池分配给应用程序。精简配置通过这种方式实现了对存储设备的高效利用，减少了由于闲置的物理存储空间而造成的浪费。虚拟配置的概念如图 3.12 所示。

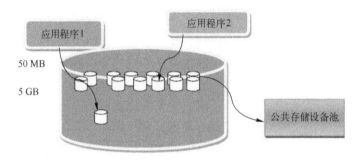

图 3.12　虚拟配置的概念

下面的示例中，应用程序 1 的预期存储需求是 1GB，但是按应用程序的当前需求，只为其分配了 50MB 的存储空间。当该应用程序需要时，将获得更多的存储空间（总可用存储容量为 5GB）。

练一练

根据虚拟配置概念，上面的例子中描述的 ABC 企业如何优化其归档存储成本？

关于虚拟配置的有趣事实

临时存储概念是云存储中使用的虚拟配置技术的一个例子。在临时存储中，分配给 VM 实例的存储空间的存在期限仅仅持续到 VM 实例存在时为止。当 VM 实例被删除后，存储空间随之被破坏。与此概念相反，**永久存储**是另一种存储形式，不论与之关联的 VM 实例有没有被使用或删除，存储空间都会继续存在。这就允许跨 VM 实例重用永久存储。

3.5.2　存储分层

我们继续以用来描述虚拟配置概念的 ABC 企业为例。假设该企业购买了一系列存储设备，这些设备的性能和成本等互不相同。类似归档这样的应用程序只需要低成本、低性能的存储设备。但是,还有其他实时应用程序需要快速访问数据,此类需要取决于存储设备支持的输入/输出操作的数量。如果有一种方法可以根据不同应用程序的性能需求来分配存储空间,对企业就会大有帮助。简而言之,企业需要的技术是能够将正确的数据存储在正确类型的存储设备中,从而可在正确的时间点将这些数据提供给各种应用程序使用。存储分层正是提供这种功能的技术。它是一种为存储设备建立层次结构的机制,然后根据使用其中所存储数据的应用程序的性能及可用性需求将数据存储到这些分层存储设备中。每个存储层将有不同级别的保护、性能、数据访问频率、成本和其他注意事项。

例如,高性能的 FC 驱动器可以为实时应用程序配置为第 1 层存储设备,而低成本的 SATA 驱动器可以配置为第 2 层存储设备,来保存访问频率较低的数据,如归档数据。将活跃数据(高频使用的数据)保存到闪存或 FC 驱动器可以提高应用程序性能,而将不活跃数据(使用频率较低的数据)移动到 SATA 驱动器可以释放高性能驱动器中的存储容量并降低存储成本。数据的移动基于预定义的策略。这种策略可以基于文件类型、访问频率、性能等参数,并且可以由存储管理员配置。图 3.13 描述了一个存储分层的例子。

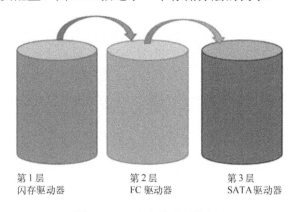

图 3.13 一个存储分层的例子

3.5.3 云存储中使用的存储优化技术

本节将研究云存储中使用的各种存储优化技术。两种常用技术是去重和压缩。
- 去重:这是一种确保存储系统中不存在重复数据的技术,换句话说,确保系统中不存在重复的数据副本。这种技术将大大减少存储需求。

重复数据删除的工作原理借助了哈希方法。根据文件的内容生成每个文件的唯一哈希值。每当一个新文件送达存储系统，去重软件就为该文件生成一个哈希值，并将其与现有哈希值集合进行对比。如果存在匹配的哈希值，则表示系统中已经存储同一个文件，从而不会再次存储。如果该文件的新版本与系统中存在的文件之间有极小的变更，就将不同的内容更新到系统中已存储的文件，而不是重新存储整个文件。去重过程如图 3.14 所示。

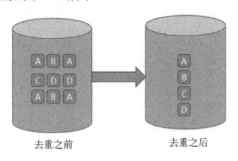

图 3.14　去重过程

去重可以在文件级和块级两个级别执行。文件级去重是在文件上进行的，确保系统中只存在每个文件的唯一副本。在块级去重过程中，去重文件被分割成块，软件确保每个块中只存储文件的唯一副本。通过对比生成的哈希值与文件或块的现有哈希值列表，就可以检测到完全相同的文件或块。

- 压缩：压缩通过移除数据中出现的空白来减少数据量。压缩技术的一个主要缺点是会消耗计算周期，继而可能对存储服务的用户带来性能问题，因为将数据传输到云是一个连续的过程。

3.5.4　云存储的优点

SAN 和 NAS 等存储技术基于行业标准接口实现，具有高性能、高可用性和可访问性等优点。但是这些存储系统也存在很多缺点：

- 价格昂贵。
- 寿命有限。
- 需要备份和恢复系统才能确保数据得到充分保护。
- 这些技术仅仅在特定的环境条件下运行。
- 需要存储工作人员进行管理。

● 运行和冷却的能耗巨大。

云数据存储提供商提供的数据存储价格便宜，而且不受限制，可以根据需求随意使用。云存储可以通过因特网或局域网访问。规模经济使提供商能够提供比同等数据存储设备/技术更便宜的数据存储方案[1]。与其他传统存储系统相比，云存储要便宜得多，而且不需要任何维护成本。此外，还有内置的备份和恢复系统确保数据受到保护；在云基础设施上运行时，不需要任何额外的能耗和冷却，而这些基础设施大部分时间都是远程托管的。

思考题

约翰心中有一个疑问，因此向他的教授寻求答案。问题如下：

基于对象的存储是云存储服务提供商的首选存储方式吗？如果是，原因是什么？

教授给出的回答如下：

是的，这种方式是大多数云存储服务提供商的首选，这是因为：

● 具有多租户特点、存储空间不受限制且具有高扩展性。
● 具有横向扩展架构，可以使用诸如 HTTP 和 REST 等网络接口进行访问。
● 具有单一的名称空间、与位置无关的寻址方式和自动配置功能。

3.6 结论

本章前半部分讨论了基本存储区域网络技术及其发展，详细讨论了每种技术的优缺点。

后半部分讨论了用于存储海量数据的关键存储技术的各种变体。在这方面讨论了一些重要的文件系统，如 HDFS 和 GFS。本章还详细讨论了云存储概念，以及云存储中使用的存储优化技术。

第 4 章

软件定义网络（SDN）——网络虚拟化

4.1 绪论

任何数据中心的核心要素是：
- 计算。
- 网络。
- 存储。

传统数据中心的这些要素都独自运作。用于维护和监控这些要素的组件也分别进行维护。随着时间的推移，技术变革促进了低成本计算、网络和存储要素的发展，继而迫使数据中心重新审视其策略，通过技术创新更加紧密地维护和管理数据中心的这些要素。

传统数据中心的每个计算系统用来运行专用的应用程序，如电子邮件。该计算系统的其他要素，如附加存储设备或用于向该计算系统传输数据的网络等，都作为离散组件进行处理，很少进行交互或完全没有交互。数据中心组件的这种孤岛特性为企业进行企业级运营并处理海量数据和事务带来了诸多变化。其中一个挑战是，这些企业的 IT 部门必须采购所有的数据中心要素，并将它们批量存储，以备将来使用。这些成批采购的组件中有许多必须集中在一起等待数月才能看到其最佳利用情况。在某些情况下，如果这些资源根本没有得到利用，对这些企业来说,这也是一种无效的投资。这些数据中心组件的孤岛特性引发的另一个问题是,这些数据中心要素需要消耗大量能源,占用大量空间。

传统数据中心存在的所有这些紧迫问题迫使企业寻求优化数据中心核心要素使用的方法。就在此刻,VMware 提出了虚拟化的概念。单个主机操作系统采用虚拟化技术就能通过称为虚拟机监视器的监控程序运行多客户端操作系统。虚拟机监视器还负责在各种客户端操作系统与应用程序中分配主机的所有硬件资源,这些资源根据操作需求运行于多个客户端操作系统和应用程序上。虚拟化概念的引入为企业重新审视其数据中心的运营方式开辟了一个全新的视角。随着虚拟化的发展,出现了一些有趣的概念,表 4.1 汇总了一些相关联的术语。

表4.1 一些虚拟化相关联的术语

序号	术语	意义
1	虚拟机(VM)	运行操作系统和其他应用程序的物理机器。在存在虚拟机监视器的情况下,多个 VM 可以在一个主机系统上并行操作
2	虚拟网络或网络虚拟化	一种可在单个物理网络上呈现多个逻辑网络服务的软件
3	虚拟存储和存储虚拟化	一种软件,能够创建存储资源的逻辑分组,并使其以特殊分组的形式呈现给终端用户/应用程序

我们只重点关注表格中的网络虚拟化组件。所有其他类型的虚拟化将在另一章中详细讨论。网络虚拟化与下面的另外两个概念紧密相关:

- SDN。
- NFV。

我们将在本章讨论这些概念。本章内容编排方式如下:

网络的演变　传统网络

SDN

NFV

网络虚拟化

4.2 当前网络基础设施的局限性

本节将分析当前网络在能力方面的一些局限性:

(1) **网络的静态特性**——当前网络基础设施采用大量协议,这些协议用于对长距离系统提供可靠互联,使其具有良好的性能和安全性。但是,大多数协议是针对特定的需求,因此倾向于将网络隔离成孤岛,从而在需要时对其进行处理和变更就增加了复杂性。例如,为了添加一些特定的网络设备,需要修改多个网络组件,比如访问控制列表、交换机、路由器、防火墙,在某些情况下还需要修改门户。由于更改这些组件相当复杂,当前网络或多或少表现出静态特性,使得 IT 人员在试图更改这些数量庞大的网络组件时容易造成服务的中断。这难以满足当前的需求。在现有的基础设施中,服务器虚拟化是优化使用服务器资源的一种常见方法。通过服务器虚拟化,数据中心的每台服务器可能需要与成千上万台服务器进行通信,这些服务器可能是集中分布的,也可能位于地理上分散的数据中心中。这就与现有架构形成了对比,现有架构通常支持一台服务器到多个客户端或一台服务器到有限数量的其他服务器之间的交互。但是随着虚拟化进程的加速,每台服务器必须与成百上千台服务器进行通信,这些服务器还可能在其 VM 上运行一些其他的应用程序。为了达到这种复杂性,VM 提供了诸如实时 VM 迁移等技术来增强容错和灾难恢复能力。所有与 VM 相关的这些需求都对传统网络的许多设计(如寻址方案、名称空间和路由)提出了严峻的挑战。

除了虚拟化,对现有网络基础设施构成严峻挑战的另一个方面是聚合网络的概念,也就是使用相同的 IP 网络来处理不同类型的 IP 数据,如语音、数据和视频流。尽管大多数网络能够以不同的方式调整每种类型数据的 QoS 参数,但是处理每种类型数据的优先级配置任务仍然需要手动完成。由于网络设计的静态特性,网络缺乏根据应用程序和用户需求动态改变 QoS 和带宽等参数的能力。

(2) **僵化的网络策略**——由于现有网络基础设施的僵化和孤立,执行新的网络策略是一项非常烦琐的任务。为了更改特定的网络策略,可能需要更改构成网络的成百上千个各种各样的网络设备。在根据新策略修改每个网络组件的过程中,网络管理员可能会为黑客和其他恶意对象引入多个攻击面。

(3) **有限的扩展能力**——当前基础设施的设计目的是用大规模并行算法来加快数据处理的速度。这些并行算法涉及与处理/计算有关的各台服务器之间的大量数据交换。这种情况需要超大规模的高性能网络,仅需要有限的人工干预,甚至不需要人工干预。当前网络的僵化和静态特性使其无法满足企业的这些需求。

随着基于云的服务交付模式的普及，多租户的概念也在不断发展，成为另一种显著的趋势。此模型要求使用可能具有不同性能需求的不同应用程序为不同的用户组提供服务。这些方面在传统的网络基础设施中很难实现。

（4）**供应商依赖**——当前企业需要网络基础设施具有许多新特性，这些特性有助于各企业根据业务环境的变化需求进行扩展。但是在许多情况下可能无法实现这些功能，因为网络基础设施设备供应商可能不支持这些功能，这使得当前企业很难做到这一点。并且有必要将组件与底层硬件分离，因为这对于消除与供应商的依赖关系大有帮助。

 练一练

既然已经了解传统网络基础设施的局限性，那么有哪些技术可以用来克服这些局限性，让网络基础设施做好准备迎接大数据时代呢？

提示：将上面讨论的每一个难题转化成一种可能性。请在下面空白处汇总结果：

1．………………………………………………………………………………
2．………………………………………………………………………………
3．………………………………………………………………………………

4.3 网络基础设施软件定义数据中心（SDDC）的设计方法

我们将采用以下方法来描述 SDDC 所需要的网络基础设施：

网络虚拟化——使网络功能与提供这些功能的底层硬件分离。网络虚拟化

是通过创建虚拟实例来实现的，虚拟实例可以插入到任何现成的平台上，并立即使用。

SDN——为底层网络流量的编排和控制提供了一个集中点。这是在称为 SDN 控制器的专用组件帮助下完成的，SDN 控制器的作用是网络的大脑。

双层叶脊架构——这是一个含有两种类型交换机的胖树架构：一种用于连接服务器，另一种用于连接交换机。与传统的三层架构相比，这种架构的可扩展性更强。

NFV——指网络服务的虚拟化。NFV 相关技术加快了网络服务的配置速度，而不过分依赖于底层硬件组件。这项技术仍在大力发展过程中。

本章将详细讨论这些技术。

网络虚拟化是指在一个网络基础设施上创建多个逻辑网络分区，从而将整个网络划分为多个逻辑网络。使用网络虚拟化技术进行逻辑分区的网络称为虚拟化网络或虚拟网络。对于连接到虚拟网络的节点来说，虚拟网络表现为一个真实的物理网络。连接到虚拟网络的两个节点即使位于不同的物理网络中，也可以在没有数据帧路由的情况下彼此通信。当不同虚拟网络中的两个节点通信时，即使它们连接到同一个物理网络，也必须路由网络流量。包括虚拟网络中的"网络广播"在内的网络管理流量均不会传播到属于不同虚拟网络的任何其他节点。这样就可以对虚拟网络中具有一系列公共需求的节点进行功能分组，而不必考虑节点的地理位置。逻辑网络分区是使用许多网络技术创建的，如虚拟局域网（VLAN）、虚拟可扩展局域网（VXLAN）、虚拟存储区域网（VSAN），本章稍后将会详细说明。图 4.1 给出了关于网络虚拟化概念的总体概述。

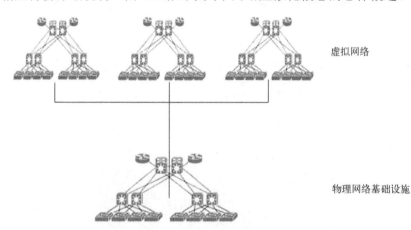

图 4.1　网络虚拟化总体概述

第4章 软件定义网络（SDN）——网络虚拟化

网络虚拟化由虚拟机监视器和物理交换 OS 执行。这些软件使管理员能够在物理网络和 VM 网络上创建虚拟网络。

物理交换机运行执行网络流量交换的操作系统。操作系统必须具有网络虚拟化功能才能在交换机上创建虚拟网络。虚拟机监视器具有内置的网络和网络虚拟化功能。利用这些功能可以创建虚拟交换机，并在其上配置虚拟网络。这些功能也由第三方软件提供，可以安装到虚拟机监视器中。然后，第三方软件模块替代虚拟机监视器实现本地网络功能。

以下是网络虚拟化的主要好处：

- **保护客户和合作伙伴的访问权限**——许多企业允许客户和其他业务伙伴使用因特网访问它们的一些资源。虚拟网络可以提供对这些对象的单独访问，继而有助于保护企业的机密信息和其他机密资产。
- **基于角色的访问控制实现**——信息访问策略定义谁可以访问什么数据和资源。使用网络虚拟化技术可以创建单独的用户组或业务部门，进而有助于确保只有特定用户组/业务部门中的个人才能访问与其相关的某些敏感信息。
- **设备隔离**——出于安全或性能原因，某些设备/设备组件可能需要与其他设备或组件隔离。例如，银行可以在专用的虚拟网络上隔离自动柜员机（ATM）来保护交易和客户隐私。
- **安全的服务交付**——许多企业可能需要全面确保每个客户的数据隐私和安全性来支持多客户的访问。通过专用的客户虚拟网络来转发每个客户数据，即可达到这项要求。
- **提高利用率并降低资本支出**——网络虚拟化允许多个虚拟网络共享同一个物理网络，从而提高网络资源的利用率。网络虚拟化还减少为不同业务组采购网络设备的资本支出（CAPEX）。

下面列举了网络虚拟化的一些重要用例：

- **合并与收购**——当前企业更多地关注为商业利益、新产品技能/领域的扩张等而进行的收购。以无缝方式合并企业的基础设施在这种情况下变得很有必要。其中的网络虚拟化变得非常重要，其目的是将企业的各种网络组件组合到一起，确保同步平稳运行。
- **企业全球化**——当前企业在世界各地都有分支机构，但是或多或少地倾向于使用无边界企业的概念。可以通过网络虚拟化的方式，根据业务部门、客户和合作伙伴访问、IT 维护和管理、地理区域等需求创建多个虚拟域。此外，还需要提到的一个重要方面是，虚拟域的创建不会随着业务需求的不断变化而成为共享资源、工具和工作人员的障碍。网络虚拟化还有助于优化网络的使用，并提供更好的性能。
- **零售行业**——零售业在全世界范围内是一个快速增长的行业，新的零售巨头在全球各地市场中不断涌现。大多数零售集团倾向于将许多维护工作外包给第三方代理/合作伙伴。这种情况下，虚拟网络有助于将每个第三方代理/合作伙伴的流量与零售店的流量隔离开来。这就保证网络资源得到最佳使用，同时性能得到改进。
- **监管合规性**——根据《健康保险可携性与责任法案》（HIPAA），要求美国医疗机构确保患者数据的隐私。网络虚拟化在这些情况下可以发挥重大作用，有助于根据访问控制权限为不同类别的人群创建单独的网络。
- **政府机构**——政府机构有很多部门。很多时候，由于安全性和隐私的原因，有必要确保这些部门使用单独的网络。政府的 IT 部门可以使用网络虚拟化技术来划分部门服务、应用程序、数据库和通讯录，进而促进资源整合和成本效益。

至此，我们已经了解了足够多的网络虚拟化用例，下一节将讨论虚拟网络的一些关键组件。

4.4 虚拟网络的组件

VM 运行于完整的系统之上，一些虚拟化软件在此系统上得以实现。但是这些 VM 需要构建一个具有物理网络所有特征和组件的虚拟网络。这些 VM 还需要连接到服务器中的虚拟交换机。虚拟交换机是位于虚拟机监视器中的物理服务器内部的第二逻辑层（OSI 模型）交换机。我们使用虚拟机监视器创建和配置虚拟交换机。虚拟交换机的总体框图如图 4.2 所示。

虚拟交换机通过将数据包路由到虚拟机监视器中托管的 VM 来提供流量管理。数据包的路由需要一个媒体访问控制（MAC）地址来指定数据包需要路由到的目标 VM。VM 的这些 MAC 地址存储在一个 MAC 地址表中进行维护。除了 MAC 地址，这个地址表也维护需要转发数据包的虚拟交换机端口的详细信息。

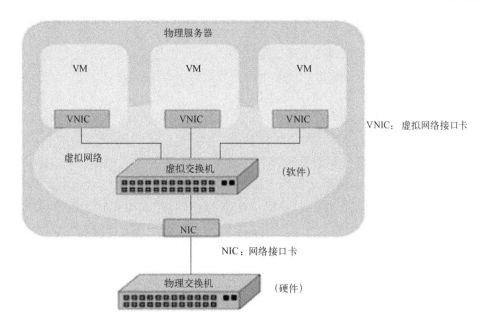

图 4.2 虚拟交换机的总体框图

虚拟交换机还可以促进物理服务器内的 VM 之间的通信，并将 VM 流量引导到物理网络。将 VM 流量切换到物理网络让 VM 能够与其客户端或另一台物理服务器上托管的 VM 进行通信。虚拟交换机可以连接到多个物理网络接口卡（NIC）。这种方式通过将出站流量分布到多个物理 NIC 来帮助进行流量管理。VM 还通过允许虚拟交换机在特定 NIC 失效时将流量路由到备用 NIC 来提供容错功能。为了处理不同类型的流量，在虚拟交换机上配置了不同类型的虚拟端口。下面列举了不同类型的虚拟交换机端口：

- 上行端口：上行端口将虚拟交换机连接到虚拟交换机所在服务器中的物理 NIC。只有在多个或至少一个 NIC 连接到物理网络的上行端口时，虚拟交换机才能将数据传输到物理网络。
- VM 端口：VM 端口将 VNIC 连接到虚拟交换机。
- 虚拟机监视器内核端口：这些端口将虚拟机监视器内核连接到虚拟交换机。

端口分组是一种根据特定标准（如安全性、流量类型）对端口进行分组的机制。端口分组可通过多种方式实现。常用方法之一是基于策略的端口分组。具体涉及根据特定需求创建一组虚拟交换机端口的策略，然后应用策略。端口分组通常由管理员完成，通过为一组交换机端口一次性创建公共配置，而不是非常耗时地逐个进行配置，不但提供极大的灵活性，而且节省大量时间。虚拟交换机可以根据需要采用多个端口组。

虚拟网络的另一个重要组件是虚拟网络接口卡 VNIC。

VM 可以连接到多个 VNIC。VNIC 的工作原理与物理 NIC 的工作原理非常相似。NIC 与 VNIC 的主要区别在于，NIC 的用途是将物理机器连接到物理交换机，而 VNIC 的用途是将 VM 连接到虚拟交换机。

VM 的客户操作使用设备驱动程序软件将数据发送到 VNIC。VNIC 以帧的形式将数据路由到虚拟交换机。每个 VNIC 具有唯一的 MAC 地址和 IP 地址，遵循以太网协议进行帧的传输。这些 MAC 地址由虚拟机监视器生成，在 VM 创建期间分配给每个 VNIC。下一节将讨论实现网络虚拟化的一些机制。

4.5　网络虚拟化实现技术

4.5.1　虚拟局域网（VLAN）

VLAN 是在 LAN 上或由虚拟交换机/物理交换机组成的多个 LAN 中创建的逻辑网络。VLAN 技术可以将一个大型 LAN 分成更小的 VLAN，或者将单独的 LAN 合并成一个或多个 VLAN。VLAN 允许一组节点根据企业的功能需求进行通信，而与所在网络中的节点位置无关。VLAN 中的所有节点都可以连接到单个 LAN 或分散在多个 LAN 中。

VLAN 是通过对交换端口进行分组来实现的，以这种方式连接到这些特定交换端口的所有工作站都可以接收发送到这些交换端口的数据。这样可以根据特定的业务需求（如项目、域、业务单元）在 LAN 中的工作站之间创建逻辑分组或分区。简而言之，这种方式确保将整个网络分成多个虚拟网络。由于这种分组机制主要使用交换机端口作为分组的基础，所以，这些类型的 VLAN 也称为基于端口的 VLAN。下图说明了基于端口的 VLAN 技术的总体实现。下面框图中的 VLAN 是根据企业中的各个部门创建的（图 4.3）。

在基于端口的 VLAN 中，只为具有交换端口的 VLAN 分配 VLAN ID。连接到特定交换机端口的工作站将自动接收到这个 VLAN 的成员资格通告。表 4.2 总结了一个与上述例子相关的简单情形。

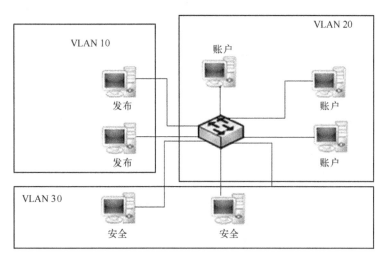

图 4.3　VLAN 架构

表 4.2　与上述 VLAN 架构相关的简单情形

端口号	VLAN ID
1	10
2	10
3	20
4	30

VLAN 的优点列举如下：

- 特定 VLAN 中的广播流量受到限制，不能传播到另一个 VLAN。例如，一个节点接收其关联的 VLAN 中的所有广播帧，但不接收来自其他 VLAN 的广播帧。这就对进入特定 VLAN 的流量施加了限制。对 VLAN 流量的这种限制为用户流量释放了带宽，从而提高了性能。
- VLAN 提供了一种简单、灵活且成本较低的方法来管理网络。VLAN 是使用软件创建的。因此，与为不同的通信组构建单独的物理 LAN 相比，这种方式可以轻松快速地配置 VLAN。如果需要对节点重新分组，管理员只需更改 VLAN 配置，而不需要移动节点和重新布线。
- 通过将一个 VLAN 的敏感数据与任何其他 VLAN 隔离，VLAN 还会增强安全性。也可以在 OSI 第三层路由设备上施加限制，以防止 VLAN 之间进行路由。
- 由于物理 LAN 交换机可以被多个 VLAN 共享，因此提高了交换机的利用率，减少了为不同业务组重复采购网络设备的资本支出。
- 由于 VLAN 很容易更改交换机配置，为工作站提供了从一个 VLAN 到另一个 VLAN 的灵活性，从而简化了虚拟工作组的构建过程，促进诸如打印机、服务器之类企业资源的共享。

4.5.2 VLAN 标记

很多时候需要在多个交换机之间分布式部署一个 VLAN。尽管有许多方法可以做到这一点，但最流行的方法是 VLAN 标记。通过一个 VLAN 示例来理解 VLAN 标记的必要性。假设在多个交换机之间分布式部署了 VLAN 20。当交换机接收到 VLAN 20 的广播包时，必须确保交换机知道该数据包需要广播到 VLAN 20 所属的其他交换机。

这是通过一种称为 VLAN 标记的框架标记技术来实现的。这种技术的唯一局限性是需要更改以太网报头的基本格式。VLAN 标记需要将额外的 4 个字节插入到一个以太网数据包的报头。增加 4 个字节后的以太网报头结构如图 4.4 所示。

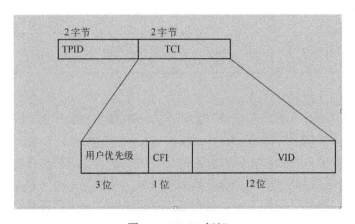

图 4.4 VLAN 标记

报头的主要字段是 TPID 和 TCI。

TPID 是标签协议标识。TPID 的主要目的是标识标记头的存在，其中含有以下字段：

用户优先级：这个字段有 3 位，传递需要包含在帧中的优先级信息。允许有 8 个优先级，其中 0 表示最低优先级，7 表示最高优先级。

CFI：这个字段有 1 位，对于以太网交换机，该字段始终设置为 0。该字段主要用于指示以太网与令牌环网络之间的优先级。如果该字段的值为1，则表示不应该将框架桥接到未标记的端口。

VID：这个字段对应于VLAN标识符，对于跨多个交换机的分布式VLAN起着关键作用。

现在试着理解这种标记机制如何帮助解决前一节中描述的问题。为了理解更到位，考虑一个抵达特定交换机端口的广播包，此数据包与VLAN 20相关联，即其VLAN ID是20。假设这个交换机的端口10连接到也属于VLAN 20的另一个交换机的端口15。现在，配置VLAN标记需要做的是确保端口10和端口15配置为VLAN 20的标记成员端口。此操作通常由网络管理员完成。完成此操作后，将使交换机1知道一旦接收到广播，就需要通过端口10将其作为广播包发送出去，标记中的VLAN ID为20。这样一来，交换机2知道它应该接收所标记的包，并将其与VLAN 20相关联。交换机2也会将数据包发送到VLAN 20的所有成员端口。因此，交换机2很容易理解需要对属于VLAN 20的数据采取什么操作。简而言之，这个概念可以概括如下：

- 如果将一个端口标记为一个特定VLAN的成员，则由VLAN发送到该端口的所有数据包都应该插入一个VLAN标记。
- 如果一个端口接收到一个带有特定VLAN ID的标记包，则这个数据包需要与该VLAN相关联。

VLAN的主要局限是其可扩展性。如果要考虑将网络用于云基础设施，可扩展性则成为更大的障碍。使用名称为VXLAN的另一种技术可以解决这些可扩展性问题。这种技术广泛应用于对扩展性有强烈需求的数据中心中。下一节将阐述更多细节。

4.5.3 虚拟可扩展局域网（VXLAN）

很多时候，出于负荷均衡、灾难恢复和流量管理等目的，需要将VM从一台服务器迁移到另一台服务器。有许多技术可用来实现VM的动态迁移。但是在这方面的关键考虑是确保VM仍然保留在本机子网内，这样才能在迁移期内保持对VM的访问。在子网、VM和服务器的数量非常庞大时，这种情况就成为一个严重的问题，这正是VXLAN大显身手之时。VXLAN通过使用第二层隧道特性帮助克服IP子网造成的限制。VXLAN帮助数据中心管理员实现良好的三层架构，并确保VM可以跨服务器移动而不受任何限制。VXLAN使用技术将多个第三层子网合并到第三层基础设施中，这就使多个网络上的VM能够通信，就好像它们是同一子网的一部分一样。VXLAN 的总体工作原理如图 4.5 所示。

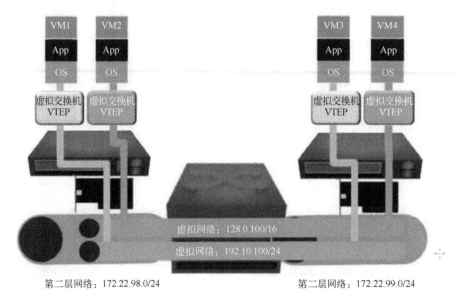

图 4.5　VXLAN 总体工作原理

VXLAN 流量由大多数网络设备进行透明化管理。对于 VXLAN，IP 封装流量的路由方式与正常 IP 流量一样。封装或解封由 VXLAN 网关完成，这些网关也称为虚拟隧道端点（VTEP）。这些 VTEP 在 VXLAN 中扮演着重要的角色。VTEP 可以通过下列方式实现：

- 虚拟机监视器中的虚拟桥。
- 识别 VXLAN 的 VM 应用程序。
- 支持 VXLAN 的交换机硬件。

每个 VXLAN 网段有一个 24 位的唯一标识符。这个标识符也称为 VXLAN 网络标识符或 VNI。24 位地址空间足以实现大规模可扩展的虚拟网络。但是在大多数情况下，可使用的虚拟网络地址数量受到多播和网络硬件局限性的限制。逻辑第二层域中的 VM 使用相同的子网，并使用通用 VNI 进行映射。这种通用映射使 VM 可以互相通信。需要注意的是，第二物理层中所遵循的 IP 寻址规则也适用于虚拟网络。

VXLAN 通过结合 VM 的 MAC 地址和 VNI 来保持 VM 的唯一性。这样有时会导致数据中心内部的 MAC 地址重复。这种情况下唯一的限制是同一个 VNI 中无法复制 MAC 地址。属于特定子网的 VM 不需要任何特殊配置来支持

VXLAN 流量。这主要是由于存在 VTEP，VTEP 通常是虚拟机监视器本身的一部分。VTEP 上的配置应该包括第二层或 IP 子网到 VNI 网络的映射，以及 VNI 到 IP 的多播组映射。第一个映射允许建立转发数据库来促进 VNI/MAC 流量流，第二个映射帮助 VTEP 在网络上执行广播或多播功能。

接下来，我们了解一下 SAN 中的 VSAN。

4.5.4 虚拟存储区域网（VSAN）

VSAN 是在 SAN 上创建的服务器或存储设备的逻辑分组，目的是打破物理位置的现实，促进具有公共需求的一组节点之间的通信。从概念上讲，VSAN 的功能与 VLAN 的功能相同。

每个 VSAN 充当一个独立运行、独立管理的区域网。每个 VSAN 都有一组个性化、结构化的服务及配置和一组独特的光纤通道地址。特定 VSAN 的配置不影响任何其他 VSAN。与 VLAN 标记类似，VSAN 也有自己的标记机制。VSAN 标记的目的与 LAN 中的 VLAN 标记相似。

4.5.5 虚拟网络中的流量管理

为了优化网络资源的性能和可用性，必须对网络流量进行管理。物理网络中有许多技术可用于监控网络流量，其中一些可用于管理虚拟网络流量。负荷均衡是管理网络流量的一个关键目标，一般由专用软件或硬件来支持。这种技术能够实现跨多台物理机器或 VM 以及并行网络链路工作负荷的自动化分配，以防止过度利用或未充分利用这些资源，从而优化性能。

网络管理员可以应用策略，在 VM 与网络链路之间分配网络流量。网络流量管理技术还可用于设置策略，确保跨网络链路的网络流量故障转移。在发生网络故障时，根据预定义策略，将来自故障链路的流量转移到另一条可用的链路上。网络管理员可以根据需要灵活地更改策略。

当多个 VM 流量共享带宽时，网络流量管理技术保证每个 VM 所生成流量的服务水平。流量管理技术使管理员能够为不同类型的网络流量（如 VM、VM 迁移、IP 存储和管理）设置不同的优先级，以有侧重地分配带宽。下一节，将了解一些用于流量管理的技术。

4.5.6 链路聚合

链接聚合这种技术用于将多个网络连接聚合成一个连接来提供更高的吞吐

量,从而显著提高性能。链路聚合技术有下面一些变化形式,这些变化形式可应用于虚拟网络:

- VLAN 中继:VLAN 中继技术允许来自多个 VLAN 的流量通过单个链路或网络连接来进行传输。为了实现多个 VLAN 流量使用同一路径传输,允许在任何两个网络设备(如路由器、交换机、VM 和存储系统)之间建立单个连接。为多个 VLAN 流量提供传输的单个连接称为中继链路。VLAN 中继使网络设备上的一个端口可用于通过中继链路发送或接收多个 VLAN 流量。能够传输属于多个 VLAN 的流量的端口,称为中继端口。要启用中继,必须确保发送和接收网络设备至少有一个端口配置成中继端口。网络设备上的中继端口均需在纳入网络设备上定义的 VLAN 中,并为所有这些 VLAN 传输流量。用于实现 VLAN 中继的机制称为 VLAN 标记,前面的章节已经描述过这种标记。

- NIC 群组:NIC 群组技术从逻辑上将连接到虚拟交换机的物理 NIC 合成一组,即创建一个 NIC 群组。这样做是为了平衡网络流量,确保在 NIC 发生故障或网络链路中断的情况下进行故障转移。NIC 群组中的 NIC 可以配置成激活 NIC 和备用 NIC。激活 NIC 用于发送帧,而备用 NIC 处于闲置状态。负荷均衡允许在激活的物理 NIC 中分配所有出口网络流量,提供的吞吐量高于单个 NIC 提供的流量。在任一激活 NIC 发生故障之前,备用 NIC 不会用于转发流量。在 NIC 或链路发生失效的情况下,来自故障链路的流量将进行故障转移,切换到另一个物理 NIC。NIC 群组成员中的负荷均衡和故障转移由虚拟交换机上配置的策略进行管控。

4.5.7 流量整形

流量整形控制网络带宽,通过限制非关键流量来防止对业务应用关键流量造成影响。这种技术还有助于保证所需要的 QoS,可以在虚拟交换机层面启用和配置流量整形。流量整形使用平均带宽、峰值带宽和突发长度这三个参数对网络流量进行控制和整形。

平均带宽是用来在虚拟交换机上设置允许的随时间变化的数据传输速率(比特/秒,b/s)。由于这个参数是按时间的平均值,虚拟交换机端口的工作负荷可以在一小段时间内超出平均带宽。峰值带宽定义了在不排队或未丢帧情况下允许流经虚拟交换机的最大数据传输速率(b/s)。峰值带宽值总是高于平均带宽。

虚拟交换机的通信速率超过平均带宽，这种情况就称为突发。突发是一种间歇性事件，通常只在一个很短的时间间隔内存在。突发规模定义一次突发事件中允许传输的最大数据量（B），前提是不超过峰值带宽。突发规模是带宽乘以突发事件持续时长的计算结果。因此，带宽使用得越高，对于特定的突发规模，突发事件可保持的时间就越短。如果一个突发事件超过了配置的突发规模，其余的帧将排队等待，随后进行传输。如果队列已满，则这些帧将被丢弃。

下一节将讨论 SDN。

4.5.8　软件定义网络（SDN）

虚拟化的出现允许以 VM 形式在单个计算系统上运行任意数量的操作系统和应用程序，还需要为它分配 IP 地址，以便从内部和外部网络访问这些 VM。路由器发送数据包是通过组合使用以太网和 IP 来完成的。VM 可迁移的要求对数据包转发提出了严重挑战。VM 迁移是指为了节能、冷却、压缩资源等目标而重新定位 VM。这种情况下，由于进行了重新定位，物理地址也随之发生变化。此时需要更改第三层路由，确保发送到原始位置的数据包现在更改为新位置的地址。这对网络运营商构成了挑战，同时也是 SDN 发展的动机之一。

市面上大部分交换机、路由器等设备都有专用管理接口，可以用来访问网络设备并对其进行管理。虽然这些管理接口提供了访问网络设备功能的能力，但是掩盖了执行某些操作（如配置静态路由）所需的一些具体细节。这也是 SDN 发展的另一个原因。

一般情况下，任何网络设备都带有一个数据平面，该数据平面本质上是指用于交换机中各种网络端口之间实现互联的交换结构。交换机还包含一个控制平面，相当于交换机的大脑。例如，实现网络路由协议这样的功能就是在交换机的控制平面上完成的。也就是说，网络中的每个设备都有一个实施协议的控制平面。这些控制平面相互通信，执行网络路径构建等活动，但是在集中式控制平面的情况下，只有一个控制平面。这样用于建立数据平面的硬件成本较高，而控制平面的硬件成本则大大降低。所有这些方面都归功于 SDN 这一概念的发展。

SDN 的支持者还注意到网络设备供应商在满足特性开发和创新的需求方面发展得非常缓慢，也认为高端路由和交换设备在其设备控制平面的组件价格过高。与此同时，原料成本、弹性计算能力的成本开始迅速下降。基于这些因素的考虑，可用廉价的处理能力或者物美价廉的交换硬件来运行逻辑集中式的控制平面。斯坦福大学的几名工程师基于这个想法创建了一个名为 OpenFlow 的协议，从而开启了一个称为 SDN 的全新网络时代。

OpenFlow 的设计方式是，具有数据平面的网络设备只响应来自包含集中控制器的统一控制平面为其发送的命令。该控制器充当网络的大脑，执行网络中所有路径的维护等功能，并对所控制的所有网络设备进行编程。所有这些概念构成了 SDN 的基础。

SDN 是一种架构，旨在通过紧密绑定网络中各种组件（如应用程序、各种类型的网络设备及真实或者虚拟的网络服务）之间的交互来优化和简化网络操作。这个任务通常是在网络中创建一个逻辑上集中的控制点来完成的。这个控制点通常称为 SDN 控制器。SDN 控制器是一种媒介，方便在应用程序与网络要素之间进行通信。SDN 控制器还通过对应用程序提供友好的双向编程接口来使用网络功能和操作。

4.5.9 SDN 的分层架构

SDN 是一种网络控制与底层网络设备分离的架构，网络控制嵌入到一个称为 SDN 控制器的软件组件中。这种控制分离使网络服务能够从底层组件中提取出来，有助于将网络视为一个逻辑实体。SDN 的总体架构如图 4.6 所示。

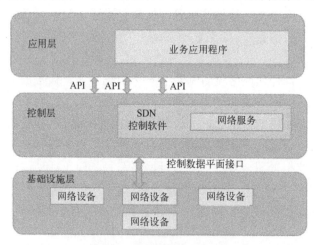

图 4.6　SDN 的总体架构

网络上运行的所有业务应用程序都是应用层的一部分。所有网络设备组件都是基础设施层的一部分。SDN 控制软件组件位于控制层，与应用层和基础设施层进行交互。

SDN 的核心是软件组件,称为 SDN 控制器。通过 SDN 控制器可以控制整个网络,SDN 控制器是一个面向所有其他网络组件的逻辑交换机。SDN 控制器可以用来监控整个网络的运行。这样大大消除了配置成百上千个网络设备的麻烦。网络管理员可以使用 SDN 程序动态更改网络设置。SDN 控制器使用 SDN API 与业务应用程序进行交互,使用 OpenFlow 等协议与网络的基础设施组件进行通信。OpenFlow 是 SDN 中最重要的协议之一,此外,还有许多其他协议。SDN 通过在控制层编写的软件程序快速完成网络的智能编排和配置。基于 OpenFlow API 的 SDN 架构开发工作正在进行中,这将大大降低 SDN 架构对供应商的依赖性。迄今为止,使用通用 SDN 协议进行通信的所有供应商设备都可以使用 SDN 控制器进行集中控制。

SDN 的优点如下:

多供应商网络设备的集中控制——不论哪家设备制造商的网络设备都可以通过使用 SDN 协议进行通信,并使用 SDN 控制器进行集中控制。

通过自动化降低复杂性——SDN 架构的特点是实现一些与网络相关功能的自动化和管理,改变传统人工实现耗时费力的现状。这种自动化将降低运营成本,并减少由于人工干预引起的错误。

提高网络可靠性和安全性——以前执行网络策略需要几个月才能完成,现在只需几天就可以完成。SDN 架构无须单独配置每个网络设备,减少了在策略执行期间可能出现的安全漏洞和其他违规方面的可能性。

改善用户体验——SDN 架构提供了根据用户需求动态更改配置的灵活性。例如,用户需要特定质量级别的音频数据流,使用 SDN 控制器就可以将其配置成动态发生的事件,提供的用户体验更良好。

下面列举 SDN 的一些突出用例:
- 校园。
- 数据中心。
- 云。
- 运营商和服务提供商。

OpenFlow

OpenFlow 是为 SDN 架构定义的首批标准通信接口之一[1]。它允许直接访问和配置网络设备,如交换机和路由器,这些组件既可以是物理组件,也可以是虚拟组件(基于虚拟机监视器)。正是由于缺乏这样的开放接口,才导致传统网络单一、封闭和臃肿的现实。

OpenFlow 在 SDN 领域的应用非常广泛，很多时候 SDN 和 OpenFlow 可以互换使用。

练一练

将班级分成两组，每组人数相等。为每个组分配任务——找一找 SDN 架构中使用的协议，OpenFlow 除外。

传统网络体系架构分为三层，如图 4.7 所示。

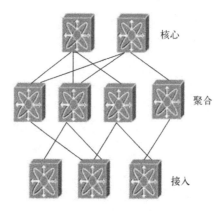

图 4.7　传统网络体系架构

三层交换机的功能如下：

第一层（接入交换机）：接入交换机用于连接网络服务器和其他存储设备。

第二层（聚合交换机）：使用以太网介质将接入交换机连接到聚合交换机。聚合交换机聚合来自接入交换机的流量，然后转发到核心交换机。

第三层（核心交换机）：核心交换机或路由器将流量从服务器和存储设备转发到内部网和因特网。

这种架构的主要局限性是使用第二层转发技术，而不是第三层转发技术。此外，通常情况是过度订阅接入层的带宽，而聚合层的带宽很少，继而导致延迟。所有这些因素都限制了架构根据当前需求的可扩展性。为了克服这种架构所带来的局限性，设计了双层叶脊网络架构。双层叶脊网络结构的总体架构如图 4.8 所示。

双层叶脊架构中只有两层交换机，一层用于连接服务器/存储设备，另一层用于连接交换机。这种双层架构建立了一个低延迟、无阻塞、高扩展性的架构，更加适合大数据的传输。

第 4 章 软件定义网络（SDN）——网络虚拟化

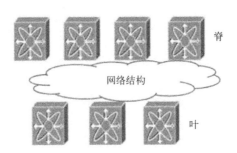

图 4.8 双层叶脊网络结构的总体架构

4.5.10 网络功能虚拟化（NFV）

NFV 指使用虚拟化技术来实现特定的网络服务，而不需要为每个网络功能提供定制的硬件设备，这是 NFV 的主要优势。NFV 的实例有虚拟防火墙、负荷均衡器、WAN 加速器和入侵检测服务等。NFV 可视为虚拟化与 SDN 技术的结合，图 4.9 描述了它们之间的关系。

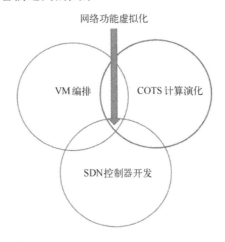

图 4.9 NFV、虚拟化与 SDN 技术之间的关系

虽然通过当前虚拟化技术来构建 NFV 已经足够,使用 SDN 并不是必需的。但是，SDN 的编排管理功能大大增强了 NFV 的能力，因此，在 NFV 的开发过程中提倡使用 SDN。网络服务虚拟化并不意味着包含每个服务实例的虚拟机监视器的分离，而是包含以下功能[2]：

- 在具有多个分区 OS 的机器上实现的服务。
- 在单个虚拟机监视器中实现的服务。

- 以分布式或集群形式混合实现的服务。
- 在裸机上实现的服务。
- 在 Linux 虚拟容器中实现的服务。

这些技术可能使用诸如 NAS 之类的存储设备来共享其状态。

NFV 仍然是一个不断发展的领域，但是在 NFV 设计过程中需要注意以下问题[2]：

- 使用虚拟机监视器和使用相同的底层物理硬件交付虚拟服务均可能导致物理资源冲突。这可能引起与特定组件相关的服务交付性能下降。NFV 编排系统应该严密监控这种性能下降，还应该跟踪虚拟机监视器和物理资源，以便在不降低性能的情况下解决好资源争用问题。
- 虚拟服务托管在虚拟机监视器组件上，这种组件可能发生单点故障。此类故障将影响该服务器上所有运行的 VM，并中断这些 VM 提供的服务。
- 虚拟机监视器中存在的虚拟交换机，在试图为不同 VM 上运行的多个 VNIC 提供服务时可能产生超载。虚拟机监视器应该具有某种机制，能够识别和区分控制流量的优先级，从而避免应用程序和管理出现故障。
- 虚拟机监视器导致应用程序无法识别物理机器状态的变化，比如 NIC 端口的故障。SDN 控制器与编排协作应该弥补这一问题，并及时采取行动。
- 某些情况下，作为高可用性（HA）策略的一部分，可以将 VM 从一台服务器迁移到另一台服务器。这种迁移可能在几个方面影响服务交付。因此，需要采取适当步骤来确保服务不发生中断。

4.6 结论

本章前半部分讨论了当前网络的各种局限性，这些局限性引起以虚拟化技术为基础网络技术的发展。这些充满活力的技术构成了当前 SDDC 的基础。

本章后半部分讨论了 SDDC 使用的各种方法，这些方法包括：

第 4 章 软件定义网络（SDN）——网络虚拟化

- 网络虚拟化。
- NFV。
- 软件定义存储。

此外，还讨论了实现网络虚拟化的各种方法和虚拟网络的关键组件，详细阐述了虚拟网络中使用的各种流量管理技术。本章讨论了 SDN 的各方面细节以及 SDN 架构，最后描述了 NFV 技术和使用 NFV 服务时要注意的问题。

第 5 章

混合云：混合型 IT 的发展历程

5.1 绪论

混合云可以通过无死角的管控和 IT 服务管理（ITSM）功能来保障对云基础设施、平台、软件和数据的快速无障碍访问。但是，建立和维护混合云设施面临许多挑战，包括在跨地理分布的云环境中保持一致的配置和开发者体验。其他突出问题包括工作负荷实时保存和迁移、IT 成本管理和监控。有多种自动化解决方案可以消除混合云监控、测量和管理的已知和未知的复杂性。本章分析不同的混合云服务提供商的技术能力，以及它们用来加速和扩展混合云进程的工具。竞争性分析的重点是下列用于增值和可支持决策的参数。

（1）混合云支持功能。
（2）云迁移。
（3）云爆发、连接和集成特性。
（4）云编排能力。
（5）支持云计算的应用和本地应用的实现。
（6）多云环境的云代理服务。
（7）软件配置、部署和管理。
（8）混合云管理功能（通过第三方工具和自行开发的工具）。
（9）应用程序性能管理（APM）。
（10）服务集成与管理。

(11)分布式部署和集中管理（通过单一管理平台管理混合云中的资源和应用）。

我们来看看不同的服务提供商是如何处理这些既定参数的,本章将给出中肯的见解,比如提供商在混合云这个具有挑战性但前景广阔的领域中所持的立场和所处的地位。

5.2 解密混合云模式

下面先简要介绍一下混合云的概念。云无疑是 IT 领域最具颠覆性的模式。云概念带来了一系列有效的、广泛应用的业务转型。这一切肇始于公有云的广泛建立和支持,这些公有云通常是具有集中化、统一化、虚拟化、共享、自动化、被托管而且安全等特点的数据中心和服务环境。这种现象体现出 IT 产业化势不可挡的趋势。随着云概念的快速成熟和趋于稳定, IT 作为第五项社会公共事业的商品化时代方兴未艾。也就是说,公有云由大量的商用服务器、存储设备和网络设备组成,使 IT 具有经济性、无处不在的可用性和可访问性、灵活性和高效性。通过广域分布、云环境交付的标准化及基于容量的增值 IT 服务等特性,使得云概念具有更高的商业价值。虚拟化和容器化所代表的分区化技术已经成为热门话题,为推动云模式取得空前成功发挥了重要作用。公有云模式带来了前所未有的 IT 敏捷性、适应性和可承受性,催生了一大批新式业务模型,实现了符合预期的 IT 运营效率。

公有云的惊人成功继而鼓舞了全球企业探索并建立企业级私有云的过程。现有的内部数据中心正在系统化地支持云技术,与可用的公有云建立无缝集成。另外,一些获得公认并颇有前景的云技术和工具被应用于本地云环境的构建。某些行业垂直领域对于拥有内部私有云提出了一些至关重要的需求。为了达到更好的企业 IT 控制能力、可见性和安全性,要坚持发展私有云。业务关键需求,如高性能、可用性和可靠性,也迫使全球企业在其现有基础上拥有自己的云设施。

聚合已成为 IT 领域的新常态。在了解私有云与公有云经过组合所产生的诸多优点后,企业对混合云和云技术的前景重燃信心。混合云具有一些方案和优点。云服务供应商同样热衷于为其客户和消费者提供聚合能力。

混合云将本地私有云和公有云服务相结合,为企业带来更高的价值。发展混合型IT可以为企业实现客户、消费者、合作伙伴、员工等价值的提升，是企业扩大影响力最重要的发展契机。混合环境为客户提供了全面的灵活性和可扩展性，可以根据成本、安全性和性能等关键因素为特定的工作负荷选用最合适的服务。例如，客户可以选择公有云服务来测试和开发新应用程序，然后在应用程序开始运行时将工作负荷转移到私有云或传统IT环境中。企业可以利用混合云方法的灵活性来支持各种工作负荷，确保按需扩展。大量的自动化工具催生出混合能力，这为全球企业紧跟快速发展的商业需求提供了助力。

5.3 混合云的关键驱动因素

混合云是一种聚合的云计算环境，混合使用本地私有云和公有云服务，在所参与的平台之间进行无缝交互和业务编排。虽然一些企业希望将所选的IT功能放到公有云中，但是它们仍然希望在私有/内部环境中保留安全性更高或更方便定制的能力。有时，应用程序的最佳基础设施既需要云环境，也需要专用环境。这一点也是拥有混合云的主要原因（如图5.1所示）。

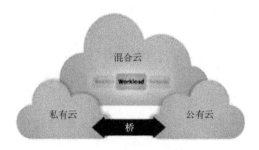

图 5.1 混合云的构成

- **公有云**——提供高性价比的可扩展性，最适合流量拥挤或不可预测的情形。
- **私有云**——提供全面控制和安全性。
- **专用服务器**——提供超高性能和可靠性。

混合云配置具有以下特点：

- **灵活性**——既有可扩展性，又有高性价比的公共资源和安全资源，可以为企业寻求不同的运营渠道提供更好的机遇。
- **成本效益**——公有云可能比私有云能提供更大的规模经济效益（如集中

管理）和更高的成本效益。因此，混合云模型让企业能够释放积蓄的潜能，进而获得尽可能多的业务功能，同时保持对敏感操作的安全性。

- **安全性**——混合云模型中的私有云不但能提供敏感操作所需的安全性，还能够在适用的情况下满足数据处理和存储的法规要求。
- **可扩展性**——虽然私有云根据配置（无论是外部还是内部托管）提供一定程度的可扩展性，但是公有云服务提供的可扩展性确实限制条件更少，因为资源是从更大范围的云基础设施获取的。通过将尽可能多的非敏感功能转移到公有云基础设施，让企业减少对私有云的需求，同时从公有云的可扩展性中获得更大的好处。

混合云为企业提供快速创新的能力，同时满足企业级性能、弹性和安全性需求。混合云将私有云的控制和可靠性与公有云的可扩展性、易用性和成本效益完美地结合在一起，确保企业广泛互联的 IT 需求。利用混合云环境可以让用户能够以最优的成本在最优的位置运行每项业务。

应用程序、数据和服务的集成——混合云建立必要的接口来查看并连接跨基础设施的数据和应用程序。例如，混合云方法可以促进内部记录系统（通常驻留在传统 IT 设备或私有云上）和更多面向外部参与事务的系统（越来越多地托管于公有云上）之间的集成。

工作负荷的组合和管理——有竞争力的敏捷型业务越来越倾向于组合方式。在任何组合式业务中，各种流程、应用程序、服务和数据都是基本构成要素。在云中可以轻松快捷地找到这些要素并进行绑定、组装和重组，从而找到快速创新和与客户互动的新方法。各种分布式云环境很好地结合在一起从而实现组合式业务。混合云提高了开发人员的工作效率，因此可以集成、组合和交付应用程序。

数据和应用程序的可移植性——在混合环境中，开发人员可以为企业、网络及移动应用程序快速连接并组合数据和服务，使企业可以快速行动。如果需要在一个新的国家提供一种应用程序，或者从开发测试环境转移到生产环境，或者从基本能力转移到横向扩展能力，这都可以通过混合云提供支持。

灵活性与速度兼备——混合云提供最广泛的平台和基础设施选项，以此为依托按照业务需求所要求的速度构建一系列应用程序，然后进行部署。

多样化的价值驱动——无所不在的应用程序数据访问、日益增长的软件存储需求，以及跨内外云的统一集成平台。

可靠性与弹性兼备——数据安全性坚不可摧，应用程序具有弹性，这是混合云的显著特征。

成本优化——通过混合云可以经济方便地为应用程序载荷选择合适的云环境。

提高利用率——通过利用已经投资和安装的 IT 基础设施,可以降低 IT 成本。未充分利用和闲置的基础设施资源可以发挥出最大价值。

混合云应用——在混合云环境中可以实现更高水平的控制能力、可靠性、可用性、灵活性、质量和性能,这些应用特性已得到客户的普遍认可。

开发和测试——混合云为业务提供了所需的灵活性,可在有限的时间内获得所需的能力,而不用追加资本投入来构建新的 IT 基础设施。

扩展现有应用程序——企业使用混合云可以将当前的标准应用程序扩展到云,以满足快速增长的需求,或者为更重要的项目释放内部资源。

灾难恢复——每个企业都担心因停机或业务关键信息丢失所带来的风险。实时灾难恢复的解决方案可能很昂贵,导致企业因无法负担而放弃保护计划;然而,混合云能够提供可承受的灾难恢复解决方案,并且支持选择适合的保障能力和成本。

网络和移动应用程序——混合云非常适合数据密集型的本地云应用和移动应用,这些应用往往需要一定的弹性来应对突发流量或不可预测的流量峰值。企业使用混合云可以在实时保存敏感数据、维护现有的 IT 策略的同时,满足应用程序的安全性和合规性要求。

开发运营——由于开发团队和运营团队密切合作可以提高软件的交付速度和质量,混合云不仅允许模糊这些团队之间的角色界限,还允许模糊开发/测试与生产之间的界限,以及实时与非实时工作负荷之间的界限。

容量扩展——通过将激增的工作负荷发送到 IBM Cloud 上的 VMware 来快速解决资源限制。

数据中心合并——可以将遗留基础设施合并到自动化、集中管理的 SDDC 中。

混合云的发展正是由以上因素所推动。企业要更加智能化,必然要创建高度优化和自组织的云环境,这正是混合云发展的关键动力。混合云的高度稳定性和快速应用促进了多云环境的发展。

5.4 混合云的 VMware 云管理平台

VMware vRealize Suite 提供了一个综合性云管理平台,可以管理运行从传统工作负荷到容器(本地云)工作负荷的混合(多云)环境。为了向混合云计算环境转型，下面一些重要的优化方法有助于确保转型的成功：

自动化服务——混合云的设计目的是通过自动化来促进业务发展。例如，使用下一代负荷均衡解决方案可实现对可预测应用程序的自动扩展。此类系统属于分析驱动型，可以自动识别实时变化的流量模式，在无人干预情况下启动更多的实体。有了混合云流量管理系统后，这种跨物理环境的端到端自动化就成为可能。IT服务团队可以构建这种自助服务基础设施，不仅动态优化计算资源和配置，而且可以根据需要转移工作负荷。这些功能体现了混合云所承诺的内在灵活性、响应能力和高效性。

跨云环境管理服务——无论应用程序在何处运行，网络团队只需要一个跨所有环境的管理中心，就可以实现对来自多个提供商的云服务或跨环境的云服务的统一管理。由于公有云和私有云基础设施是独立运行的，因此云之间的数据和应用程序的可移植性技术至关重要。例如，涉及应用程序网络服务时，软件负荷均衡器将集中管理平台与每个应用程序的分发服务相关联，以实现高水平的自定义功能和灵活性。而如果在多个应用程序前部署昂贵的硬件负荷均衡器，当需要维护或更新每个应用程序时，就会出现问题，导致其他应用程序停机。

使用与供应商无关的服务——目前可以利用云提供商之间正在形成的良性竞争，避免受制于某一家云提供商。因为并非所有云提供商提供的服务都始终如一，所以公司有必要保持灵活性，可以测试不同厂商的服务来寻求最有效的服务。保持市场开放，利用不同的提供商，企业有着众多的选择来降低成本和提高绩效，尤其是可以构建混合云，在私有云和公有云中择优甄选。

混合云计算越来越受欢迎，这是因为它给企业提供了灵活、可扩展和敏捷的优势。为了利用这种环境，IT团队必须花时间创建符合其企业需求的策略。将私有云和公有云联合在一起需要自动化工具和管理能力，使系统长期保持高效性和经济性。

5.5 混合云挑战

混合云有助于在最佳环境中运行不同的应用程序来获得所需的优势，如速度、规模、吞吐量、可见性和控制权。为加速混合云的建立并加大支持力度，不同的云技术提供商提供了很多有竞争力的解决方案和服务。不但云基础设施服务提供商和云托管服务提供商大量涌现，而且推出了很多的开源方案及商业级解决方案和工具集。服务提供商构建了面向无风险的可持续性混合云框架。

但是，遇到的挑战也不少。最棘手的挑战在于如何建立一个高性能混合环境来精准管理和监控不同的组件。当前大多数基础设施管理和监控工具最初只是为了管理单一环境而构建的。这些单点工具无法集中起来管理分布式环境，在不同的环境中也缺乏必要的可视性和可控性，因此，在集成的云环境中进行工作负荷迁移等活动并不顺利。此外，在参与式云环境中进行应用性能管理（APM）也不是一件容易的事情。

因此，人们需要使用集中的云管理平台（CMP），以便最大限度地利用快速发展的混合概念，为企业提供最大限度的灵活性。其体系架构和功能如图5.2所示。

图5.2　Gartner的CMP体系架构和功能

5.6 混合云的独特能力

当前,正在缓慢而稳步地迈向数字时代。数字化的技术和工具正在带来快速而彻底的变革,让人们的协作、互联、合作和工作等方式变得不同。IT 专业人员承受着巨大的压力,他们必须积极稳妥地利用这些创新,去帮助企业朝着更敏捷的方向前进。由于公有云提供的巨大优势,"少花钱多办事"的口号促使大量企业精确地制定战略并努力实现私有云。但是随着云平台的广泛应用,以及新基础设施和应用服务的爆炸式增长,拥有私有云环境已经无法满足充分高效的要求。解决办法显然是实现混合云。以下问题有助于理解混合云如何能够指引企业朝着正确的方向发展:

- 工作负荷从私有环境转移到公共环境了吗?
- 您是在一个云平台上开发网络或移动应用程序,而在另一个云平台上运行吗?
- 您的开发人员希望在其项目中使用多个公共平台吗?

以下是混合云服务提供商可以提供的一些广泛认可的功能。

(1) **云爆发**——毕竟,未来的发展方向是运行高性能、高效的私有数据中心,并利用公有云提供商来实现偶尔的混合云爆发。在私有端,可以完全掌控工作负荷的隐私、安全性和性能;在公共端,对这些偶尔出现的工作负荷则享有"无限"的容量。设想一个用于在线商店的 Ruby 应用程序,由于销售活动、新促销季或"网络星期一",事务量越来越大。云爆发模块会识别增加的负荷,并提出正确的操作建议来解决这个问题,有效地回答出爆发时间。

同时还会给出可以在何处克隆该实例的建议。因此,这一切都是关于确定哪些工作负荷将会爆发,以及在何处爆发,还包括在公有云环境中哪些特定位置可以用于计算和存储。也就是说,该模块支持对私有云进行扩展,以达到以下目的:

- 当需求增加到用本地资源无法满足时,将负荷发到云中。
- 保持对工作负荷性能和资源利用率的控制权,以决定何时可能撤回。
- 允许应用程序自动扩展并克隆到云中。
- 在私有云与公有云中实现负荷均衡。

该模块对混合云资源和 IT 堆栈进行持续分析,并考虑多个方面的连续动态折中方案。这些折中方案存在于服务质量与预算和成本之间，工作负荷需求与基础设施供给之间，应用程序性能与基础设施利用率之间，计算、存储与网络之间。

（2）**VM 迁移支持**——随着混合云日益流行，企业能够将 VM 从内部虚拟机监视器迁移到公有云中，并在必要时将这些工作负荷撤回内部，这一点非常重要。

（3）**自定义映像支持**——云提供商通常允许从预定义的映像构建 VM，但是这些通用的 OS 映像并非始终满足企业的需求。因此，云提供商应该允许创建和使用自定义 VM 映像。

（4）**映像库**——虽然许多企业试图将其所用服务器 OS 降到最低数量，但是异构环境变得越来越普遍，特别是在云环境中。一个优秀的云提供商应该提供多种可选的服务器 OS。

（5）**自动扩展**——工作负荷的需求通常不是线性的，相反，需求会随着时间增多或减少。理想情况下，云提供商应该允许工作负荷自动调整来满足当前需求。

（6）**网络连接**——在选择云提供商时，网络连接是另一个重要的考虑因素。提供商应该提供多种方法和连接特性，将本地网络连接到云网络。

（7）**存储选择**——存储需求随着工作负荷而变化。一些工作负荷可以使用商用存储，而其他工作负荷则需要高性能存储。因此，云提供商应该提供各种存储选择。

（8）**区域支持**——业务要求或法规要求有时授权将资源托管在特定的地理区域中。这种情况下，云提供商应该为其客户提供 VM 托管位置的理想选择。

（9）**数据备份、归档和保护**——已证明云环境是一种实现业务连续性和弹性的卓越机制。

（10）**身份和访问管理（IAM）**——认证、授权和审计是确保云安全和隐私的关键功能。还有一些附加的安全保障机制，用于确保不可渗透和不可破坏的安全性。

（11）**灾难和数据恢复**——无论应用程序是在本地私有云、托管私有云还是公有云中运行，企业越来越认识到使用公有云进行灾难恢复的价值。传统的灾难恢复架构跨越多个数据中心，其主要挑战之一是配置重复的基础设施成本很高却很少使用。通过使用随用随付的公有云作为灾难恢复环境，IT 团队可以更低的成本提供灾难恢复解决方案。

（12）**服务集成和管理**——IT 服务管理（ITSM）是在不同 IT 服务提供商、

数据中心运营商和云中心实现典型服务的重要功能。随着云作为一站式 IT 解决方案的出现，为了满足云服务消费者和提供商之间达成的 SLA，服务管理和集成极为重要。CSP 需要通过有竞争力的 ITSM 解决方案向其订阅者提供各种非功能属性。

（13）**监控、测量和管理**——混合云管理平台是成功运行混合云环境的关键因素，本书已经介绍了混合环境中可行的管理平台的角色和功能。

（14）**计量和退单**——云环境中的退单模式有诸多好处，其中最明显的是：
- 将利用率与云消费者或企业部门建立关联，在需要时向用户收费。
- 提供资源利用率的可见度，方便进行容量规划、预测和预算。
- 为企业 IT 功能提供合法性证明机制，并将成本分担到其利益相关的业务单元。

随着业务信心和期望的不断增加，通过更多强大的工具和实际应用，混合云的能力一定会不断增强。

5.7 云开发解决方案

混合绝对是一个满足不同情形的独特有效的方法。云空间中的混合能力也可以为全球企业带来一系列与众不同的优点，如加快创新速度，大幅缩短新产品和服务的上市时间，提供通过持续集成、部署及交付实现敏捷开发的途径，促进资源利用率显著提高。

下面是市场上有一些云开发和支持解决方案。

（1）VMware vSphere ESXi 是业界领先的构建云基础设施的虚拟化平台。vSphere 让您能够自信地运行业务关键型应用程序，以最低的总成本满足最高要求的 SLA。vSphere 具有运营管理功能，可以将领先的虚拟化平台与 VMware vCenter Server 卓越的管理功能完美结合。

（2）OpenStack 是广泛使用的开源 IaaS 开发管理框架。还有其他的开源云开发环境，例如 CloudStack 等。

（3）Apache CloudStack 是一个用于部署和管理大型 VM 网络的开源软件，可作为一个高可用性、高扩展性的 IaaS 云计算平台。许多服务提供商用 CloudStack 提供公有云服务，也有许多公司用 CloudStack 提供本地（私有）云服务，或者用作混合云解决方案的一部分。CloudStack 是一套整体解决方案，其中包含大多数企业希望通过拥有 IaaS 云而获得的全套特性：计算编排、网络即服务、用户和账户管理、完全开放式本机 API、资源核算和一流的用户界面（UI）。CloudStack 目前支持最流行的虚拟机监视器：VMware、KVM、Citrix XenServer、Xen Cloud Platform（XCP）、Oracle VM 服务器和 Microsoft Hyper-V。

（4）Microsoft System Center 是开发云环境的另一个可选项。Azure Stack 是一种新的混合云平台产品，它使企业能够按照与 Azure 一致的方式从各自的数据中心交付 Azure 服务。企业可以从数据中心资源创建这些 Azure 服务，使开发人员和 IT 专业人员能够使用 Azure 中相同的自助服务体验来快速配置并扩展服务。所有这些共同形成了一个环境，其中的应用程序开发人员使用"一次编写即可部署到 Azure 或 Azure 堆栈"的方法就能使其生产能力最大化，因为不论资源在何处配置，Azure API 都保持一致——Azure Stack 只是 Azure 的扩展。

5.8 VM 和容器的混合云

遗留应用程序从 VM 转移到容器需要一段过渡时期。因此作为中间解决方案，要构建并使用统一的混合平台（https://www.mirantis.com/blog/multi-cloud-application-orchestration-on-mirantis-cloud-platform-using-spinnaker/）。在这个平台上，可以在容器、VM 和非虚拟资源之间分配各种工作负荷。还可以从这三种工作负荷中获得最佳组合，对其进行微调以获得最佳性能和最优化成本。例如，MCP 1.0 附带了 OpenStack、Kubernetes 和 OpenContrail，使其能够建立一个环境，在这个环境中所有组件一起工作，为处于不同转型阶段的遗留应用程序堆栈创建一个平台。

让我们来看看这个统一平台的使用步骤和架构。首先，需要为云中心的所有硬件节点配置基本 OS，OpenStack 通过裸机即服务（BMaaS）项目很好地提供了这个功能。这些服务器随后构成控制平面或支持服务的基础节点，并为任何工作负荷提供计算能力，如图 5.3 所示。

本例中将服务器分为三组，在第一组裸机上部署 Kubernetes 集群，在第二组上部署标准的 OpenStack 计算节点，第三组充当非虚拟化服务器。OpenContrail SDN 使我们能够创建单个网络层，并连接 VM、容器和裸机节点。OpenContrail 有一个用于 OpenStack 的 Neutron 插件，还有一个用于 Kubernetes 的容器网络接口（CNI）插件，这能够对两者使用相同的网络技术堆栈。然后通过 VXLAN 和 OVS-DB 协议从机架顶部（ToR）交换机连接裸机服务器，如图 5.4 所示。

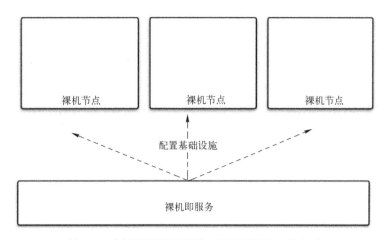

图 5.3 分割裸机服务器用于托管不同的工作负荷

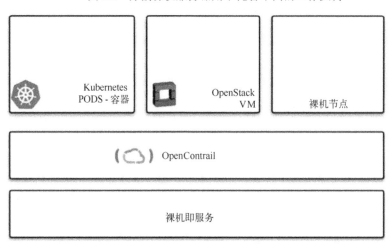

图 5.4 一组服务器专用于 Kubernetes，一组专用于 OpenStack，
一组专用于裸机节点；服务器都与 OpenContrail 网络捆绑在一起

在图 5.5 中可以看到演示堆栈，其中用通过 BGP 联合的两个独立的 OpenContrail 控制平面运行 OpenStack 和 Kubernetes。这一特性使用户能够构建

独立的 OpenStack 区域，并在多个站点之间联合其网络堆栈，同时仍然保持独立的故障域。通过设置路由目标，可以直接路由至任何虚拟网络，建立了从容器到 VM 的直接数据路径。流量不经过任何网关或网络节点，因为 vRouter 创建的是端到端的 MPLSoUDP 或 VXLAN 隧道。可以看出，在 Kafka POD（容器）和 Spark VM 之间建立了一条直接路径。

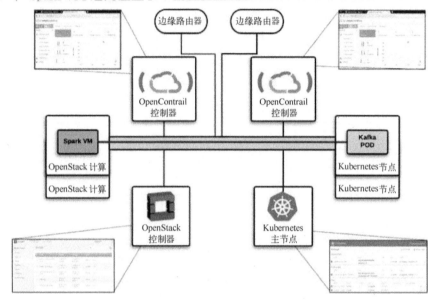

图 5.5　VM 与容器之间的直接路径

使用 Spinnaker 进行多云编排——现在有了一个可以运行任何类型工作负荷的平台，但是对于开发人员或运营人员来说，更重要的是如何编排应用程序。用户不希望进入 OpenStack 手动启动一个 VM，再去 Kubernetes 启动一个容器，然后通过 ToR 交换机将一个非虚拟化裸机节点插入网络中。这个过程很复杂，容易出错，而且很费时间。

这个平台的真正价值和可用性需要与高层编排一起实现。幸运的是，可以使用一个名为 Spinnaker 的工具来提供多云编排。Spinnaker 是一个开源的多云持续交付平台，以快速和高可信度发布软件更新。最初由 Netflix 为 AWS 开发，但是获得了很多支持，并为 AWS、OpenStack、Kubernetes、Google Cloud 平台和 Microsoft Azure 提供驱动程序。

Spinnaker 的主要目标是使用不同策略为不同提供商打造并推出固定不变的映像，在此管理由 VM 和容器组成的负荷均衡器、安全组和服务器组。图 5.6 显示已经启用两个提供商：OpenStack 和 Kubernetes。

挑选供应商：

图 5.6　Spinnaker 启用了 OpenStack 和 Kubernetes

Spinnaker 有一个简单的用户界面，用它能够建立包括"人工判断""运行脚本""Webhook"或"Jenkins 作业"等阶段的复杂管道。MCP 将 Jenkins 作为传动系统的一部分，因此与 Spinnaker 管道的集成非常简单。可以想象一下仅为多段式 Jenkins 管道使用 Spinnaker 升级成百上千个不同 OpenStack 站点的情形。

图 5.7 显示我们期望的通过 Spinnaker 在 MCP 顶部进行编排的大数据基础架构。基本上，将 HDFS 部署在两台裸机服务器上，Spark 部署在 VM 中，Kafka 及 Zookeeper 部署在容器中。

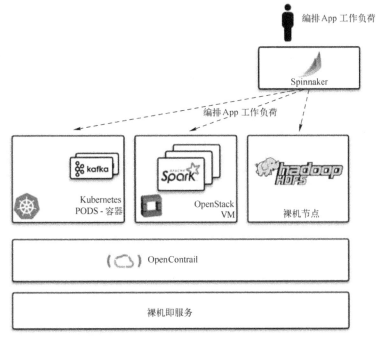

图 5.7　Spinnaker 将在 Kubernetes 集群上编排 Kafka，在 VM 上编排 Apache Spark，在裸机节点上编排 Hadoop HDFS

大数据推特分析——因为想用一个真实的用例，而不仅仅是显示 VM 与容器之间的编排或执行 ping 操作，所以选择了大数据，对几个客户实现类似的操作。为了进行简短演示，用实时 Twitter Streaming API 处理建立了一个简单的应用程序，如图 5.8 所示。

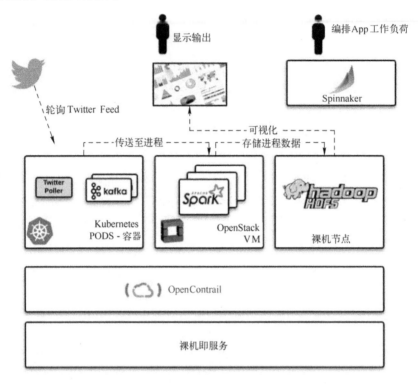

图 5.8　Twitter Poller 将数据提取到 Kafka 中，Kafka 将数据发送至 Spark 进行分析，然后将数据发送至 Hadoop 进行可视化处理和存储

堆栈由以下组件组成：

- Tweetpub——从 Twitter Streaming API 中读取推文，将其放入一个 Kafka 主题中。
- Apache Kafka——信息收发程序将数据从 Twitter 传送到 Apache Spark。除了 Kafka，还按照要求运行 Apache Zookeeper。
- Apache Spark——数据处理，运行 TweeTics 作业。
- TweeTics——Spark 作业，解析来自 Kafka 的推文，并将标签热度作为文本文件存储到 HDFS。
- Apache Hadoop HDFS——存储已处理过的数据。

- Tweetviz——从 HDFS 读取处理过的数据,将标签热度显示为标签云。

使用位置参数(−71.4415,41.9860,−70.4747,42.9041)将 Tweetpub 配置成查找从马萨诸塞州波士顿地区发送的推文,然后跟踪以下词汇:

- openstack。
- kubernetes。
- k8s。
- python。
- golang。
- sdn。
- nfv。
- weareopenstack。
- opencontrail。
- docker。
- hybridCloud。
- aws。
- azure。
- openstacksummit。
- mirantis。
- coreos。
- redhat。
- devops。
- container。
- api。
- bigdata。
- Cloudcomputing。
- iot。

一切正常运行后,该作业就会查看包含这些词汇中某一个词的每一条推文,并实时存储标签的个数。3D 可视化页面随后就显示出最流行的标签。无论何时何地,物联网和大数据都是最常见的标签,其中 OpenStackSummit 排在第 6 位,如图 5.9 所示。

综上,一旦拥有诸如 MCP 这样灵活的平台,处理各种用例,帮助客户加载其工作负荷,然后通过开源平台满足其需求,一切就会容易得多。上述内容已经展示了这种设置的一个相对简单的视图。

图 5.9　App 实时显示数据，通过调整标签云中各个词语的大小来显示其相对热度。例如，两个最受欢迎的主题是物联网和大数据

5.9　混合云管理：用例和要求

混合云管理解决方案通常是自动化编排平台。这些方案将手动任务或脚本化任务自动化，对跨多种分布式异构云环境执行的任务和进程进行编排。Forrester 作为领先的市场分析师之一，提供了当前最常见的四种混合云管理用例。

- 加快混合云应用程序的开发和交付。
- 提供混合云基础设施的生命周期管理。
- 在云平台中迁移云应用程序和基础设施。
- 建立企业云代理功能。

企业通过混合云管理平台解决不同的需求。如果混合云方面的挑战主要是云基础设施生命周期，那么应重点关注以下各方面的功能：合乎逻辑地帮助客户按需求打包基础设施组件、将这些组件提供给云消费者、实现部署和迁移的自动化，以及监控消费和性能。如果想加速云开发，则可以寻找预先打包的应用程序模板、与云无关且对开发人员友好的 API、与应用程序发布自动化（ARA）工具的集成，以及基于策略的应用程序生命周期事件自动化（如自动扩展）。如果成本管理是首要考虑事项，则优先考虑价格基准和成本分析功能。混合云的参考架构模型中（如图 5.10 所示）总结了各项关键功能。

第 5 章　混合云：混合型 IT 的发展历程

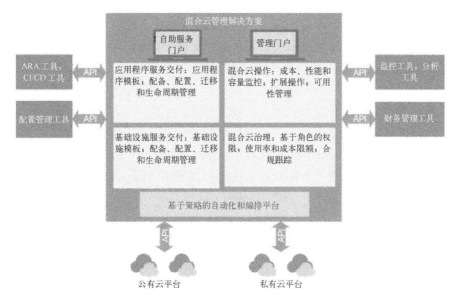

图 5.10　混合云的参考架构模型

5.10　混合云管理解决方案生态方兴未艾

混合云管理领域正在迅速扩大。
- 对于许多现有的企业系统和技术供应商来说，混合云管理只是现有 ITSM 套件的一种演变。这些套件经过精心扩展，使用自动化工具来管理云基础设施的节点，而这些工具就是零售商卖给数据中心的物理基础设施及虚拟基础设施管理工具。
- 已建立私有云解决方案的企业技术供应商常常认为混合云管理是私有云的扩展。
- 一些小软件公司率先创建了管理多个公有云平台的解决方案，现在它们重构这些方案来管理私有云，从而将这些方案归类为混合云管理解决方案。

还有一些公司为云迁移或代理做好了解决方案，现在对这些解决方案进行了扩展，从而在混合云管理解决方案中纳入生命周期和管理功能。

（1）现有管理解决方案提供商扩展了现有的管理套件。四大传统企业管理供应商中的三家（BMC Software、HP 和 IBM）提供独立的混合云管理解决方案，通常与供应商现有产品目录中的其他工具集成，并综合应用这些工具。微软和甲骨文分别为 System Center 和 Enterprise Manager 新增了混合云管理功能。

（2）企业系统供应商向私有云平台新增了混合管理。思科、思杰、计算机科学公司（CSC）、戴尔、惠普、IBM、微软、甲骨文和 VMware 都提供私有云套件，这些套件也可以纳入混合云管理功能。如果私有云对混合云策略至关重要，可以考虑这种私有云的扩展是否满足需求。

（3）虚拟机监视器和 OS 供应商的目标是拥有基础设施的技术部门主管。思杰、微软、红帽和 VMware 提供虚拟化平台和 VM 专门管理工具，重点是关于云基础设施生命周期用例的混合云管理解决方案。CloudBolt 和 Embotics 的另一个特色是以 VM 为重点的管理功能。

（4）独立软件供应商的目标是以云计算为重点的 DevOps 专业人员。CliQr、计算机科学公司（CSC）、戴尔、DivvyCloud、GigaSpaces、RightScale 和 Scalr 主要面向云开发人员和为其提供支持的 DevOps 专业人员推销其解决方案。它们的解决方案非常适合云应用程序生命周期用例。

（5）公有云平台供应商重点关注混合环境中各自的云。除了混合云管理软件，思科、IBM、微软、甲骨文、红帽和 VMware 还提供公有云平台。当然，这些供应商鼓励使用它们各自的平台进行混合部署。在评估供应商混合云管理能力时，要注意其对自有平台的推崇程度。

（6）云迁移供应商新增了更多的生命周期管理特性。HotLink 和 RackWare 这些云迁移工具新增了扩展到公有云平台的 VM 管理功能。它们重点强调用于云迁移的内置用例和灾难恢复用例。RISC Networks 是一种云迁移分析工具。除了这些供应商，该领域的许多其他混合云管理供应商也提供迁移功能。

（7）云代理和经纪业务超出了成本分析的范畴。AppDirect、Gravitant、Jamcracker 和 Ostrato 主要关注企业云代理应用。但是这些供应商都提供除了成本代理和分析以外的附加功能。

5.11 结论

云技术已经成熟，并以实用型混合云的形式开辟了新的可能性和契机，混合云又包括精简的私有云和灵活的公有云。企业越来越倾向于使用混合云来获得公有云和私有云的综合效益。本章阐述了混合云的独特优点。市面上的一些混合云服务提供商能力各不相同。为了帮助全球企业在决策时做到心中有数，本章如实地描述了这些混合云服务提供商的各种能力。

第 6 章

软件定义云中心的安全管理

6.1 绪论

信息技术和通信技术是 SDDC 的基础。通过信息和通信技术组件将各数据中心元素紧密相连,以促进它们之间的有效协调。但是,要保持实时高效的通信和协作,至关重要的一点是确保底层 IT 基础设施的安全性。

本章将介绍在设计数据中心基础设施时需要考虑的安全挑战和安全需求,还将根据数据中心基础设施使用的四项关键技术来分析安全威胁,具体包括:

- 移动设备和平台的安全问题。
- 大数据平台的安全问题。
- 云的安全问题。
- IoT 平台的安全问题。

另外讨论为了保护数据中心组件中的存储数据,不对其进行不必要或恶意的存取,而是以一种正确的方式利用底层技术资源,研究究竟要使用哪些技术。

6.2 软件定义数据中心(SDDC)基础设施的安全需求

本节将详细讨论适用于 SDDC 基础设施信息技术组件的一些关键安全需求。

- **机密性、完整性和可用性（CIA）三要素**——在设计和开发 SDDC 基础设施的阶段，需要牢记三项基本要求，如图 6.1 所示。

图 6.1　CIA 三要素

机密性：确保只有授权用户才能访问底层信息。换句话说，机密性通过防止擅自访问使用 SDDC 基础设施存储和传输的信息来保护隐私。

完整性：确保只有授权用户才能修改底层信息。完整性确保未经授权的用户无法以任何方式更改信息。更改包括写入、删除和更新操作。

可用性：确保授权用户在需要时可以访问底层信息。具体包括确保 SDDC 基础设施具有内置的容错能力。通过为每个 SDDC 基础设施组件（服务器、存储设备和网络）提供备份组件，在 SDDC 基础设施中建立容错能力。通过集群服务器对服务器进行备份，从而提供一种高可用性的环境。同样重要的是，确保备份服务器是与主服务器拥有完全相同的副本，并且可以在主服务器出现故障时立即接管主服务器的角色。通过使用可高度扩展的硬盘 RAID 架构，通过多个硬盘对相同数据进行分割和镜像化，以保证存储备份的安全性，这样即使一个镜像硬盘失效，数据也不会丢失，因为数据将同时被存储到阵列的其他磁盘中。通过在两个连接端点之间提供多个交换机、多个端口和多条电缆，可确保网络具有容错能力，进而保证任何网络组件发生故障时都不会妨碍通过网络传输数据。

6.3　身份验证、授权和审查框架（AAA）

AAA 框架是对 SDDC 基础设施至关重要的安全要求。框架各个组成部分如下：

身份验证——此过程检查用户凭据的有效性，不允许具有无效凭据的用户访问底层数据。使用身份验证的最简单方法是使用用户名和密码认证。但是随着黑客技术的日益发展，需要更加精密复杂的身份验证技术，其中之一称为多因素身份验证。它是一种特殊的身份验证技术，使用组合参数来验证用户的凭据。下面举例说明多因素身份验证机制。

第一个因素：特定用户的用户名和密码是唯一的，有时对于特定会话期间也是唯一的。

第二个因素：密钥由随机数生成器生成，或者密钥短语只有用户知道，或者其答案专门针对特定用户的安全问题。

第三个因素：可能是用户的任何生物特征参数，可作为用户的生物识别签名。具体包括虹膜识别、指纹识别等方面。

多因素身份验证使用上述所有参数的组合来验证用户的凭据。在某些情况下，只用上面提到的两个因素就可身份验证，这种情况称为双因素身份验证。

授权——授权是确保特定用户有权对特定对象执行特定操作的过程。通常，根据不同类型的用户在社会中的角色授予不同类型的权限。例如，消防站管理人员只能读取与城市其他部门有关的数据，比如水务信息，却无法编辑这些数据。编辑权限只能授予城市主管人员或属于城市水务部门的管理人员。不同用户对不同对象的不同权限类型映射并存储在一个数据库表中，称为访问控制列表（ACL）。为用户提供的不同权限类型有如下几类：

- 只读：用户只有读取对象的权限，无法删除或编辑对象。这些类型的权限授予无须对数据进行任何更改的人员。
- 读写：用户拥有读取和更改对象的权限。利用这些类型的权限，可以验证其他用户权限和访问权限的人员。

审查——审查是一种定期进行的活动，用来评估 SDDC 基础设施中所实施的安全措施的有效性。审查基于审计日志实施，审计日志跟踪不同用户执行的操作。

6.4 深度防御

深度防御是一种机制，用于对 SDDC 基础设施提供高级别安全保护。通过该机制可以为 SDDC 基础设施中设置多个级别或层次的安全性，即使某个级别的安全性由于某种原因受到损害，其他级别的安全性也能够继续保护底层

SDDC 基础设施。这种方法提供了多级安全，是一种分层实现安全性的方法，可以为 SDDC 基础设施提供多层安全性，并为管理人员提供更多时间应对某一层发生的安全漏洞。深度防御方法的总体架构如图 6.2 所示。

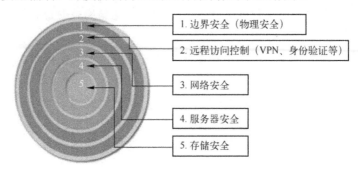

图 6.2　深度防御方法的总体架构

可信计算基础（TCB）——定义构成 SDDC 基础设施部分关键信息组件之间的边界。在 TCB 边界以内发生的任何安全漏洞将对整个 SDDC 基础设施产生不利影响。这有助于在 SDDC 基础设施的关键组件与非关键组件之间建立明确的定义。以 PC 或平板电脑为例，OS 和配置文件是 TCB 的一部分，因为 OS 的任何安全漏洞都会损坏整个 PC。为 SDDC 基础设施定义 TCB 非常重要。这有助于为 SDDC 基础设施的 TCB 下的组件新增多个安全级别。

加密——加密是一种数据格式转换过程，即数据转换成未经授权用户不易直接理解的格式。确保 SDDC 基础设施中存储和通过网络传输的数据是加密的，这对于防止第三方代理对数据进行擅自篡改大有帮助。将数据转回其原始格式的过程称为解密。市面上有若干种加密软件。

高度保密协议（PGP）

高度保密协议（PGP）是一个强大的数据加密和解密程序，被美国联邦政府广泛用于保护所有类型的政府数据，如邮件、文件和计算机的磁盘分区。

除了上述安全需求，SDDC 基础设施还有一些其他弹性安全需求。弹性是指基础设施在受到某些内部或外部因素的干扰后，恢复到原来状态的能力。

在云平台上将会构建并部署大多数的 SDDC 应用程序。因此，云平台的所有安全问题也会对 SDDC 组件构成安全威胁。在下一节中将研究云平台的一些安全问题。

6.5 云平台的安全问题

云安全架构有三个不同的层次：软件应用层、平台层和基础设施层，如图 6.3 所示。每一层都有各自特有的安全问题。我们将在 IoT 组件部分讨论其中一些问题，这些组件主要依赖公有云来满足其 IT 需求。

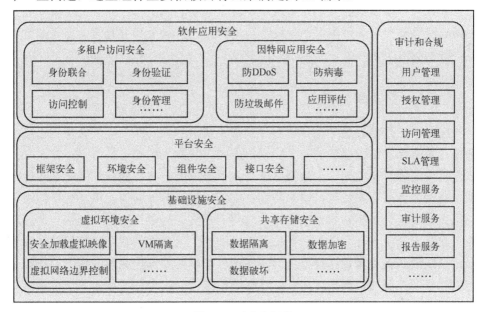

图 6.3　云安全架构

云的主要问题之一是多租户。多租户指的是云基础设施由于底层虚拟化平台而使用相同的资源组为多个独立客户端（租户）提供服务。这就增加了数据保密性和完整性的风险。在公有云环境中，这些风险尤其严重。因为与私有云相比，在公有云中可以选择更好的客户端使用服务，而且云用户数量也要多得多。

解决由于多租户引起的安全问题有下面一些方法：
- 虚拟机分割。
- 数据库分割。
- 虚拟机内省。

6.5.1　虚拟机分割

虚拟化是大多数 IaaS 产品的基础。市面上有很多虚拟化软件，如 VMware

vSphere、Citrix XenServer、Microsoft Hyper-V 等。这种软件提供的功能是将物理机器转换为多个 VM。这些 VM 可以充当数据库、网络服务器和文件服务器。虚拟平台上运行的这些组件作为 IaaS 的一部分提供给客户。虚拟化平台的主要组件是虚拟机监视器，它充当 VM 的 OS，配置 VM 运行需要的所有资源。虚拟基础设施中的主要安全问题是多个客户拥有的 VM 驻留在同一物理机器上所引发的风险，如擅自连接、监听或触发恶意程序。为了防止此类安全事件的发生，非常重要的一点是确保包含机密客户数据的 VM 分离并且彼此隔离，这个过程称为 VM 分割。

6.5.2 数据库分割

IaaS 中的基础设施资源是以服务的形式提供的。SaaS 中除了软件应用程序之外，数据库也是以服务的形式提供。由此可能产生的情形是，多个客户以并发方式将数据存储在同一个数据库中，并根据分配给客户的标识区分这些数据项。在诸如应用程序代码错误或访问控制列表错误等异常情况下，客户数据存在很大风险。为控制对数据库数据的访问，开发了很多可用的工具和技术。这些工具基于身份验证和授权，根据预定义的安全策略，某些用户有权限修改数据，这些策略正是对数据进行访问的保护。减小此类安全威胁的另一种技术是对数据库中存储的数据进行加密。这样即使数据的安全性遭到破坏，也很难对其进行解密。

6.5.3 虚拟机内省

另一项可用来消除多租户风险的重要技术是 VM 内省。VM 内省是由虚拟机监视器提供的功能，可以检查虚拟机监视器顶层运行的每个 VM 的内部状态。市场上有很多工具可以利用这项功能来进行 VM 分割和隔离。VM 内省可以检查各 VM 的如下详细信息：
- 现有的应用和服务。
- 配置细节。

借助 VM 的这些细节可以在每个 VM 上创建和实施自定义的安全策略。例如，制定策略确保在某个 VM 组具有一些匹配的 OS 配置参数前，其他 VM 不应加入该 VM 组。这样就能保证 VM 在多租户环境中保持分割和隔离。

6.6 分布式拒绝服务（DDoS）

如果有大量消息同时攻击云系统中的节点，就会过度利用服务器资源，使其无法满足实际正常需求，这种攻击方式称为 DDoS 攻击。DDoS 攻击存在简单型和复杂型等多种形式。例如，简单型 DDoS 攻击工具有基于 XML 的拒绝服务（X-DoS）和基于 HTTP 的拒绝服务（H-DoS），复杂型 DDoS 攻击工具有 Agobot、Mstream 和 Trinoo。使用 H-DoS 的攻击者喜欢使用复杂度较低的基于网络的工具实施攻击。这些简单工具的一个共同优点是都易于实施攻击。当基于 XML 的消息发送到网络服务器造成资源耗尽，就会发生 X-DoS。强制解析攻击是一种 X-DoS 攻击，使用 SOAP 协议解析网络内容，并将其转换为应用程序。强制解析攻击使用一系列开放标记来耗尽网络服务器上的 CPU 资源。在 H-DoS 攻击情况下，会启动 1000 多个线程来创建 HTTP 并发随机请求，继而耗尽所有资源。市场上有几种工具可以检测和消除 DDoS 攻击。云服务提供商可以自行决定使用哪些工具。下面是一个示例。

> **DDoS 攻击实例**
>
> 据彭博新闻社报道，黑客利用 AWS 的 EC2 云计算单元对索尼的 PlayStation 网络和 Qriocity 娱乐网络发起了攻击。据报道，这次攻击危及一亿多索尼客户的个人账户安全。

Imperva SecureSphere 网络应用防火墙（如图 6.4 所示）是一款能够在云基础设施中阻止 DDoS 攻击的安全工具。该软件除了可以有效应对 DDoS 攻击之外，还能防止诸如 SQL 注入等若干类型的网络攻击。

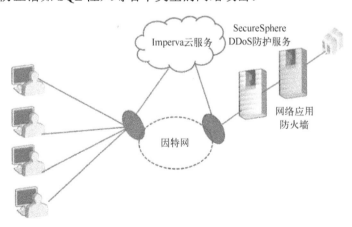

图 6.4　Imperva SecureSphere 的架构

该工具使用以下功能防范云基础设施上的 DDoS 攻击：
- 威胁信誉雷达：这项服务通过对攻击其他网站的用户进行跟踪，过滤掉来自此类用户的任何访问请求，阻止其进入云系统。
- 更新 Web 攻击签名：这项服务帮助监控和跟踪僵尸（Bot）用户代理和 DDoS 攻击载体。
- DDoS 策略模板：这项服务帮助检测生成和发送具有超常响应时间的 HTTP 请求的用户。
- 僵尸抑制策略：这项服务能够向用户的浏览器发送 JavaScript 质询。这种 JavaScript 质询能够检测并阻止僵尸节点。
- HTTP 协议验证：这项服务用于监控并记录缓冲区溢出攻击及其他攻击技术。

6.7 基于虚拟机/虚拟机监视器的安全威胁

构成云基础设施基础的 VM 也存在各种类型的漏洞，对云基础设施构成了严重威胁（如图 6.5 所示）。下面列举了一些威胁。

图 6.5　基于 VM 的安全威胁

6.7.1　擅自篡改虚拟机映像文件

VM 在运行和关机时都容易受到安全威胁。当 VM 关机时，能够以 VM 映像文件的方式存在。该映像文件面临诸如恶意软件感染之类的一些安全威胁。如果没有适当安全防护措施，黑客就可以使用 VM 映像文件来创建未经授权的新 VM。可以通过对这些 VM 映像文件打补丁的方式来感染用这些镜像创建的 VM。在 VM 迁移期间，VM 安全性也可能受到影响。VM 在迁移时面临几种类型的网络攻击，如窃听或恶意篡改。可以通过在关闭或迁移 VM 时对其加密的方式来保护 VM 映像文件。

6.7.2 虚拟机盗用

VM 盗用是黑客或攻击者以未经授权的方式复制或移动 VM，这主要是由于对 VM 文件的管控力度不充分所导致的。如果盗用的 VM 含有客户的机密数据，将导致严重的后果。

一种阻止 VM 盗用的方法是对 VM 的复制和移动进行必要的限制，将 VM 有效绑定到特定的物理机器，即使有 VM 的强副本，也不会在任何其他物理机器上运行。对复制和移动施加限制的 VM，不能运行安装在任何其他物理机器的虚拟机监视器上。

除了 VM 盗用之外，在 VM 层可能发生的另一种威胁是"VM 逃逸"。VM 通常是封装的，彼此之间及与底层的父虚拟机监视器之间都是隔离的。正常情况下，客户 OS 和在其上运行的应用程序不能突破 VM 边界直接与虚拟机监视器交互。突破 VM 与虚拟机监视器交互的进程称为 VM 逃逸。即使虚拟机监视器控制所有 VM 的执行，但通过 VM 逃逸，攻击者可以绕过对这些 VM 施加的安全控制，获得对其上运行的所有其他 VM 的控制权。

6.7.3 虚拟机间攻击

多个 VM 在同一物理机器上运行，如果一个 VM 的安全性受到威胁，则同一物理机器上运行的其他 VM 的安全性也很容易受到威胁，如图 6.6 所示。攻击者可能破坏一个客户 VM，继而传递到同一物理机器上运行的其他 VM。为了防止发生这种情况，防火墙和入侵检测系统需要在 VM 级别上检测恶意活动并进行预防。

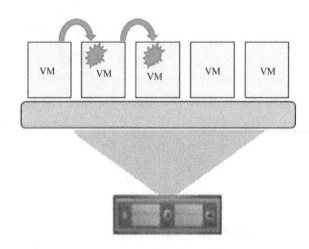

图 6.6 VM 间攻击的原理

6.7.4 瞬时间隙

VM 有一些漏洞并不在物理机器存在,而是由配置、使用或取消配置等相关技术造成的。有时这种情况会非常频繁地重复出现。VM 的频繁启用和停用可对维持其稳定的安全状态构成挑战,瞬时间隙攻击原理如图 6.7 所示。

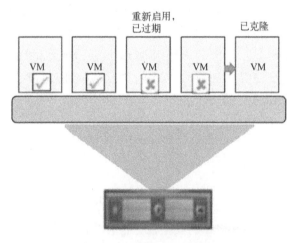

图 6.7 瞬时间隙攻击原理

某段时间点,VM 可能会自动偏离其既定的安全基准,引发严重的安全威胁。这就让攻击者有许多方式可以非法访问这些 VM,也可能对这些有漏洞的

VM 进行克隆并创建新的 VM。如果出现这种情况，安全威胁就会传递到新创建的 VM，加大攻击面。因此需要安全代理来维护 VM 保持最新的安全配置至关重要。

当一个 VM 在病毒更新期间没有联机时，那么在联机时就可能有漏洞，因为它没有获得最新的安全更新。问题的一种解决方法是在每台物理机器上配置一个专用的安全 VM，对该物理机器上运行的所有 VM 进行自动更新。

6.7.5 监视器劫持

监视器劫持，是指攻击者通过安装一个恶意虚拟机监视器，实现对底层物理服务器的完全控制。这是一种 rootkit 漏洞。rootkit 是在物理服务器的虚拟机监视器完全启动之前安装的一种恶意程序,它通过这种方式在具有访问权限的服务器中运行，并不会让系统管理员发现。安装了 rootkit 之后，攻击者就可以进行隐藏的攻击，绕过 OS 的常规身份验证和授权机制获得对物理服务器的访问权限。

攻击者使用这样的恶意虚拟机监视器可以在客户 OS 上运行未经授权的应用程序，而 OS 无法感知。通过虚拟机监视器劫持，攻击者还可以控制 VM 与底层物理服务器之间的交互操作。常规安全措施对这种攻击无效，因为：

- 客户 OS 不知道底层服务器被攻击这一事实。
- 防病毒和防火墙应用程序检测不到恶意虚拟机监视器的存在，因为它直接安装在服务器本身。

防护虚拟机监视器劫持的措施包括：

- 硬件协助安全启动虚拟机监视器，使 rootkit 级别的恶意程序无法启动。可以通过为虚拟机监视器设计和使用 TCB 来获得硬件级别的支持。
- 扫描硬件级详细信息来评估虚拟机监视器的完整性并定位恶意虚拟机监视器的存在。这种扫描包括检查内存状态和 CPU 中的注册信息。

6.8 大数据的安全威胁

大数据是从各种不同来源获得不断变化的海量数据。大数据的特点是不断变化，这为大数据平台带来了各种各样的安全威胁。图 6.8 概述了其中一些主要的威胁。

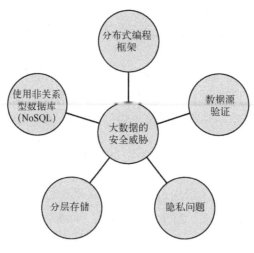

图 6.8 大数据的安全威胁

6.8.1 分布式编程框架

许多处理大数据的编程框架使用并行计算来快速处理大量数据。例如，MapReduce 框架可以用来处理大数据，它将数据分割成多个数据块，然后，由映射器处理每个数据块，为数据块生成键值对。在下一步中，归约器组件将属于每个键的值组合在一起，生成最终输出信息。这个框架中的主要安全威胁来自映射器。映射器可能被非法入侵，生成不正确的键值对，继而导致产生不正确的最终结果。由于大数据规模庞大，无法检测产生错误值的映射，这就影响了数据的准确性，从而对数据量庞大的计算任务造成扰乱。这个问题的主要解决办法是使用各种可用的算法保护映射器。

6.8.2 使用非关系型数据库（NoSQL）

设计 NoSQL 数据库是为了存储大规模数据甚至海量数据，但是这类数据库中没有任何的安全控制/策略。安全控制应由数据库程序员设计并嵌入中间件中。没有将安全措施当作 NoSQL 数据库设计的一部分，这对存储在 NoSQL 数据库中的大数据构成了重大威胁。此问题的解决办法是，企业应该彻底检查其安全策略，确保在其中间件中加入适当级别的安全控制措施。

6.8.3 分层存储

目前大多数企业采用分层的方法来存储数据。分层方法由多层异构存储设备组成,每层设备在成本、性能、存储容量和执行的安全策略方面各不相同。正常情况下,根据数据的访问频率、成本、容量或对企业很重要的其他参数将数据存储在不同的层中。数据的分层是手动完成的。但是,随着大数据量的不断增长,存储管理员手动处理如此庞大的数据变得非常困难。因此,许多企业现在采取自动分层存储策略,依据一些预先配置的策略完成分层的自动化。这可能会导致某些数据(如不经常使用的研发数据)存储在最低层,因为根据策略不会频繁使用这类数据。但这些数据可能是影响企业环境的重要数据,将这些数据存储在数据安全性较低的最低层可能会使数据面临安全威胁。

6.8.4 数据源验证

根据大数据的容量、速度和种类,可以收集不同来源的输入数据。有些数据源可能有适当的数据验证技术,也可能没有验证。当输入来自平板电脑和手机这样的移动设备时,这一点更加突出。由于当前许多企业都在推广 BYOD(Bring Your OwnDevice)概念,因此威胁来自移动设备的可能性很高。伪造手机 ID 就是移动设备威胁的一个例子。

6.8.5 隐私问题

在通过分析进行深入了解的尝试过程中,用户的许多活动在其不知情的情况下被跟踪。企业跟踪这些数据是为了进行各种深入分析,如果这些数据被传递给不可信的第三方,就可能对用户造成极大的伤害。

> **大数据分析的隐私问题**
> 最近一个新闻事件令人大跌眼镜,是关于大数据分析是如何侵犯个人隐私的。一家零售企业为营销目的所做的一项分析居然让一位父亲得知他十几岁的女儿怀孕了。

6.9 大数据安全管理框架要求

大数据涉及的数据规模庞大,类型各异,性质不断变化。为了设计一个大数据安全管理框架，图 6.9 汇总了大数据安全管理需要具备的三个关键因素。

图 6.9 大数据安全管理框架

6.9.1 灵活可扩展的基础设施

为了管理不断变化的海量数据，企业的 SDDC 基础设施应该具有敏捷和可扩展能力。除了存储和管理海量大数据，企业还使用这些数据来支持大量的新交付模型，如云计算、移动性、外包等。安全管理基础设施应该能够快速收集这类数据并为其提供保护。底层的安全基础设施应该能够扩展和适应环境，以轻松应对随各种新型数据和相关交付机制变化而不断演变的新威胁。

6.9.2 数据分析和可视化工具

市场上有很多数据分析和可视化工具，这些工具支持对各种活动和设备类型的分析，但是提供安全分析功能的工具在市场上很少见。安全管理人员需要多种复杂的分析工具，以便为他们提供各种各样的安全分析洞察力和可视化功能。企业安全管理的功能非常广泛，包括网络安全分析、数据库安全分析等。每种类型的安全分析需要分析不同类型的数据。例如，网络安全分析，需要分析特定活动会话相关的日志和网络信息。企业中配备这些软件来支持不同类型安全人员的分析和可视化需求。例如，为执行日志信息的安全分析，有一类属于"机对机"（M2M）分析这一范畴的工具。

IBM Accelerator for Machine Data Analytics

机器产生大量的数据。这些数据蕴含大量可操作的信息。但是，为了提取如此大量的数据并对其实施分析，需要具有大规模数据提取、转换和分析功能的工具。IBM® Accelerator for Machine Data Analytics 为确定事件和模式相关性，提供了一组多样化的应用程序，可以帮助导入、转换和分析机器数据。通过这些应用程序分析日志和数据文件中的数据，可以帮助企业做出明智的决策。

IBM Accelerator for Machine Data Analytics 提供以下关键功能：
- 使用文本搜索、分面搜索或基于时间轴的搜索在多个日志条目内或跨条目进行搜索，以发现感兴趣的模式或事件。
- 通过向现有存储库中添加和提取日志类型，丰富日志数据的上下文。
- 跨系统链接事件并建立关联。

6.9.3 威胁监控和情报

企业内部和外部都存在各种类型的数据威胁。此外，新的威胁每天都在出现。对于企业来说，掌握了解威胁环境非常重要，这样安全分析师就能清楚了解各种类型的威胁指标及其可能引发的安全问题。

前面讨论的智能城市中所有移动应用和用例都是针对智能手机设计的。下面将介绍智能手机的一些安全威胁，以及一些可以用来保护智能手机的机制。

智能手机能够使用无线网络技术连接各种类型的外部系统，如因特网、GPS 和其他类型的移动设备。这是智能手机的关键功能，这使其成为使用最广泛和最受欢迎的设备之一。许多智能手机上运行的应用程序都在智能手机中存储个人数据，如通信录、银行账户信息、会议和约会信息等。类似近场通信（NFC）这样的技术在很多领域慢慢普及，因此智能手机自身的安全性及其存储的数据安全性都变得非常重要。智能手机面临许多可能危及其安全性的漏洞。

智能手机的漏洞可以分为内部漏洞和外部漏洞两大类。内部漏洞存在于智能手机内部，外部漏洞是从智能手机连接的外部系统潜入智能手机。下面列出了一些内部漏洞的例子。

- OS实现错误：移动设备的OS中由于存在一些错误代码，就会出现这种安全隐患。通常，这种安全问题不是由终端用户引入的，而是由于拥有移动OS的企业出现错误而植入移动设备中。这种错误在移动OS的新版本或版本升级中非常常见。这很容易为攻击者提供攻击OS的机会，并获得对智能手机的非法访问权限，或者安装流氓应用程序来监听智能手机用户的详细信息。避免这种情况的一种方法是只安装经过全面测试和校正的升级版本，推迟安装β版OS。
- 终端用户的无意识错误：智能手机终端用户通过以下任何一种操作均可能危害其安全性，这些操作均是终端用户无意识造成的。
  - 使用不可信的无线网连接到因特网。
  - 安装来自不可信来源的移动应用程序。
  - 使用手机连接到不可信网站，这可能会向设备中注入一些恶意软件。
  - 移动设备浏览器中的配置不正确。
  - 移动设备的遗失，这会对其中存储的用户个人资料构成严重安全威胁。

下面是一些外部漏洞的例子。

- 无线网威胁：攻击者可以入侵智能手机所连接的无线网，从而获得用户移动设备的访问权限。
- 外部网站：如果终端用户连接到攻击者入侵的外部网站，攻击者也可能借助从该特定网站收集的详细信息来获得用户移动设备的访问权限。如果移动设备的安全机制没有正确配置，如移动设备上没有防病毒软件，则外部网站中存在的恶意软件也有可能被自动安装到移动设备中。
- 其他无线设备：智能手机能连接到其他各种无线设备并互相通信。如果其中任何一个无线设备被入侵，则智能手机也很容易被入侵。

6.10 移动设备安全解决方案

用户可以采取很多措施来增强移动设备的安全性。但是这些措施都不能为移动设备提供完善的安全性，因为威胁与日俱增，而且不可能以产生威胁的速度同步设计解决方案。下面列举了用户可采用的一些安全解决办法：

- 系统插件：指定期对智能手机提供的系统更新。包括通过平台更新以提供功能增强，在某些情况下也会增强其安全能力。用户应定期安装系统更新。
- 系统配置：这是一项非常费钱且耗时的活动，因为此过程涉及修改移动 OS 代码并在内核级添加强化安全功能。由于耗费大量的成本和时间，因此这种方法很少被用户采用。
- 防病毒、垃圾邮件过滤器：为了保护智能手机免受病毒攻击，为某些特定移动 OS 开发了杀毒软件。此外，通过打开智能手机中的垃圾邮件过滤器，也可能阻止一些来自流氓网站的攻击。
- 加密安全机制：用加密技术可以为智能手机中存储的数据提供机密性和完整性。智能手机上可以通过移动应用程序和移动平台 API 两种方式实现加密。可以使用各种机制来保护智能手机中所存储数据的安全性。其中一种是对智能手机中存储的数据进行加密，这样即使第三方入侵智能手机，由于没有密钥，也无法破译信息。大多数移动平台提供 API 供开发人员使用，其中一些 API 可用于访问移动 OS 专用安全库。开发人员通过这种方式可以为各种移动平台开发专门的移动安全应用程序。

除了这些方法，移动应用程序商店中也提供了一些移动安全应用程序。用户可以选择合适的应用程序并进行安装。此外，为了保护移动设备中存储的信息，用户也可以使用强密码锁定手机。其他可选方法还包括记录移动设备的国际移动设备标识（IMEA）编号，以便在移动设备丢失/被盗时，可以停用 IMEA 编号，自动禁用移动设备的所有功能。

6.11 物联网组件的安全问题

IoT 平台包含成百上千个传感器和其他不同类型的设备，这些设备使用有线网或无线网通过图 6.10 所示的网关将数据发送到公有云、私有云或某些大数据平台。网关可以存在于设备内部，也可以存在于设备外部。具体结构如图 6.10 所示。

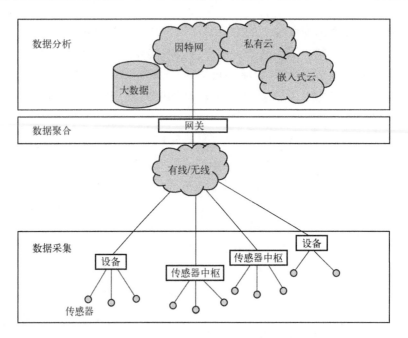

图 6.10 IoT 设备的安全问题

IoT 平台中使用了本章前面所讨论的所有类型的平台和技术。因此，其所涉及的安全问题也同样适用于 IoT 平台。此外，由于 IoT 设备数量庞大，种类繁多，所用通信技术种类庞杂，因此有必要采取多层面、多层次的方法来确保 IoT 平台所有组件都具有合适的安全性。安全保护应该从设备一启动就开始，并覆盖设备生命周期的每个阶段，从而构建一个不可篡改的 IoT 生态系统。下一节将讨论其中的一些安全措施。

6.12 物联网平台/设备的安全措施

为了确保 IoT 中各种设备和平台的安全性，必须确保采用覆盖设备生命周期所有阶段的整体机制。下面讨论其中一些机制。

6.12.1 安全启动

当设备开机时，应该有一个身份验证机制来验证设备上运行的软件是否是合法的。借助密码生成数字签名可完成以上身份验证。此过程确保设备只能运行正版软件,而正版软件只允许相关方在该设备上运行。这就为设备预先建立了一个可信的计算基础。但是这些设备仍然需要保护,以免运行时受到各种各样的威胁。

6.12.2 强制访问控制机制

在设备的 OS 中应该建立强制访问控制机制,以确保各种应用程序和组件只能访问它们运行所需要的资源。这将防止攻击者获取对这些组件/应用程序的访问权限,从而大大减小攻击面。

6.12.3 网络设备身份验证

一个设备要开始传输数据,就应该连接到某种有线网络或无线网络中。当设备连接到一个网络后,应该先对自己进行身份验证,然后再传输数据。对于某些类型的嵌入式设备(其运行不需要人工干预),可以借助保存在设备安全存储区域中的凭据来进行身份验证。

6.12.4 设备专用防火墙

每个设备都应该有某种专用防火墙来过滤和检查发送本机的数据。设备不必检查流经网络的所有类型的流量,因为这些流量将由网络安全设备处理。由于一些特定类型的嵌入式设备采用自定义协议,这些协议不同于企业用于数据传输的通用 IT 协议,因此也需要进行检查。一个典型的例子是智能电网,它有自己的一套通信协议。综上,为该设备设置合适的防火墙或类似机制来专门过滤针对该设备的流量是非常必要的。

6.12.5 确保安全补丁和升级的控制机制

设备联网后就开始接收安全补丁和升级。在某些情况下,这些补丁和升级会消耗大量的网络带宽,使网络中的其他设备或应用程序无法获取这些补丁和升级。运营商需要确保设备的补丁、升级和身份验证程序按需要占用的最小带宽进行规划,不应该影响设备的功能安全。

简而言之，通常采用的传统安全措施对于 IoT 的安全是不够的，必须从设计设备的 OS 时就开始植入安全措施。

6.12.6 物联网不同用例中的安全威胁

图 6.11 列举了一些常见的 IoT 应用场景。

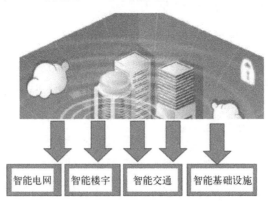

图 6.11 IoT 的不同应用场景

下一节将介绍这些 IT 基础设施组件中存在的主要安全威胁，以及一些能够遏制这些威胁的措施。

6.12.7 智能交通系统的安全威胁

智能交通系统通过跟踪和监控交通服务来提高生活质量。传感器可以捕获有关交通服务实时状态的数据，并将数据发送到一个集中控制中心或主控台，控制中心或主控台就可以使用这些数据来协调交通服务。交通服务的跟踪和监控需要高度复杂的 IoT 基础设施，并需要各个组件之间密切协调，才能避免交通拥堵和混乱。下面列举了智能交通系统中可能出现的几种安全威胁：

- 入侵行车导航系统，提供路线上错误的车流量信息，误导车辆驾驶员进入错误路线。
- 移动设备之间来往传送的数据可能被恶意篡改。
- 未加密的交通报告可能受到黑客攻击，黑客可能将错误或虚假的交通数据或报告注入卫星导航设备中。

> **欧洲公交系统遭到攻击**
> 一个欧洲少年居然能借助改装的电视遥控器袭击公共交通系统，从而在城市中造成严重的交通混乱，甚至迫使有轨电车在高速行驶时突然转弯而造成脱轨。

6.12.8　智能电网和其他物联网基础设施组件中的安全威胁

智能电网由以下组件构成：
- 智能电表：数字电表，可以实时跟踪用户的用电情况，并向用户终端设备发出警报。
- 具有双向通信能力的网络。
- 电表数据采集和管理系统：负责收集智能电表的数据，计算账单费用并分析利用率等指标。

这些组件的安全性可能会受到危害。智能电表可能被黑客为了偷电或篡改电费数据而实施攻击。电表数据采集管理系统可被攻击者利用系统中可能存在的安全漏洞进行攻击，会严重阻碍数据传输给终端用户。白名单技术可以确保只有特定的应用程序或进程在特定的时间点处于活动状态，这种技术在某些情况下是有效的。但是，目前还没有办法抑制零日漏洞。零日漏洞是指最新的没有安全补丁的漏洞。

攻击者通过安装一些能够跟踪敏感网络相关信息的恶意软件就可以入侵智能电网和其他基础设施组件所用的网络。这些敏感信息随后可能被攻击者用来实施拒绝服务型攻击。使用入侵检测技术，配以强有力的安全措施来处理如浏览器补丁、终端用户有意创建和网络使用跟踪等诸多方面的问题，可以在很大程度上消除这些网络相关威胁。

防止智能电表及电表数据收集及管理系统被篡改的最佳方式之一是使用公钥基础设施（PKI）。PKI可以直接在智能电表上实现，可以在相互连接的网络中进行身份验证和仪表验证。确保使用合适的管理办法适当地保护属于PKI环境的密钥和认证也很重要。

6.13　结论

SDDC基础设施是云、大数据、移动设备和IoT等技术的综合。为了保证服务的连续性，确保每个组件的安全性非常重要。本章前半部分详细讨论了 SDDC 基础设施组件的安全需求。

SDDC 基础设施的每个组件存在不同类型的漏洞和威胁。本章后半部分详细分析了上述每个平台中存在的漏洞和威胁，还讨论了保护 IT 基础设施组件，消除这些威胁和漏洞的技术。

IoT 的各种智能应用包括智能电网、智能楼宇、智能交通和智能基础设施等。本章针对这些应用的安全问题及解决这些问题的各种方法进行了初步探讨。

第 7 章

云服务管理

7.1 绪论

目前,世界各地的企业都在使用内部资源和基于云资源的组合资源来开发和交付 IT 服务,从而增加了管理内部资源和云资源组合的复杂性。图 7.1 和图 7.2 对比了传统方法与新方法交付模式的不同,体现出 IT 部门正在经历的管理模式变化。

图 7.1　传统 IT 服务交付模式(传统的 IT 服务交付模式只使用内部资源)

因此,云服务管理面临以下主要挑战:
- 集成——内部服务和基于云服务的集成及其无缝管理使企业 IT 部门面临诸多威胁和挑战。这些问题是企业领导者关注的主要问题,会影响企业从它们在云基础设施和服务投资中获得回报的能力。

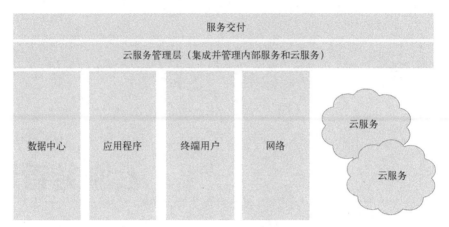

图7.2 使用内部资源和云资源组合（使用防火墙外的服务的IT部门）的新兴IT服务交付模式

- 威胁——企业应有能力处理在安全、合规及服务中断方面出现的新威胁。
- 同一管理——IT部门应设计自己的架构和工具，帮助它们无缝开发、部署及管理云服务和内部服务。
- 成本控制——应建立有效的成本控制机制，以便在不损害安全性和合规性等方面的情况下，以一种具有高性价比的方式来管理企业内部资源和云资源的使用。

为了便于参考，在本章中将这种方法称为混合型IT。这不应与混合云的概念混淆，这两个概念完全不同。在下一节中，将研究混合型IT的特性。

7.2 混合型IT的特性

为给企业带来实际价值，任何混合型IT架构都应具有以下特性：

（1）易用性：混合型IT架构应便于企业不同团队使用。这将使在企业内部的应用变得更加容易。此外，混合型IT架构还应具有一些特性，支持用户在服务交付架构内使用新的云服务。

（2）完全可视性：混合型IT架构应具有提供内部服务和基于云服务的完全视图/可视性功能。

（3）高效备份：混合型IT架构应具有备份功能，可以备份全部数据，无论该数据是内部服务还是云服务的一部分。

（4）统一安全性：混合型IT架构应能够提供所有级别的服务安全性，无论是内部服务还是云服务。

（5）控制平台：混合型 IT 架构应配备一个控制平台，显示各类重要信息，如使用情况、成本、性能等。

下一节将研究通用的混合型 IT 架构，它包含了上面列出的所有特性。

7.3 实现混合型 IT 的架构

混合型 IT 架构的基本特性如图 7.3 所示。

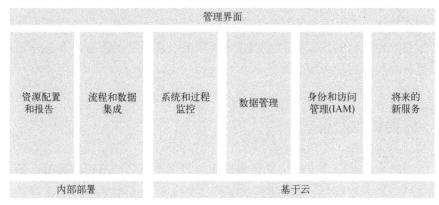

图 7.3 混合型 IT 架构的基本特性

该架构的基本特性如下：
- 管理界面。
- 资源配置和报告。
- 流程和数据集成。
- 系统和过程监控。
- 数据管理。
- 身份和访问管理（IAM）。
- 将来的新服务。

7.4 管理界面

管理界面的主要功能如下：
- 提供了进入混合型 IT 架构的单一入口点。
- 确保以一致的方式管理内部服务和云服务。

- 提供了易集成点，并且能够快速集成新的基于云的服务。

7.5 资源配置和报告

此功能的主要作用是将云资源和非云资源作为单一实体进行管理和配置。本文中提到的资源包括所有组件，如基础设施、平台组件和软件应用程序等。此功能通过服务目录提供。通过此服务目录，可以访问 IaaS、PaaS 和 SaaS 服务，无论是从内部私有云和外部公有云访问，还是通过服务包从混合云访问，须确保以一种透明的方式提供和配置内部服务及基于云的服务。此功能还可以根据目录中服务的使用情况计费。

7.6 流程和数据集成

此功能可通过一个专用引擎集成云服务和内部服务的流程和数据。该引擎可确保所有属于内部服务和云服务的系统都能够彼此正确通信，还支持多个系统中的关键业务流程都能以一种高效且无缝的方式执行。框架提供了实现这一目标所需的全部组件和用户界面。

7.7 系统和过程监控

此功能可帮助用户获取系统和进程的统一视图，无论它们是在内部运行，还是在云端运行。这项功能还提供了统一的界面，帮助监控对业务至关重要的所有资源。这种综合监控能力是必要的，可以确保所有 IT 组件始终以最佳方式运行。

7.8 服务管理

此功能可接收有关 IT 服务各方面（如性能和可用性）的预置和最新信息，无论是内部服务还是云服务。服务管理大部分是基于 ITIL 框架的实践和基于操作的工作流来实现。主要目的是通过降低成本和提高效率来提升服务水平。

7.9 数据管理

此功能可使用单一入口实现云系统和内部系统上的数据备份与恢复。这有助于减少企业对存储空间的占用。还可以在数据存储和转换时加密。在必要的地方部署备份数据库,以确保数据的本地备份和恢复。强烈建议使用云连接的数据保护系统作为现有数据保护方法的辅助或补充措施,确保数据始终保持安全。

7.10 身份和访问管理(IAM)

此功能可实现基于云的联合单点登录,以便有效地管理对内部系统和云的访问。它还具有增强的安全特性,降低不当访问和欺诈的风险,避免出现因人员加入、离开公司或内部岗位调动而引起的安全问题。此功能还允许用户通过"高级身份联盟"登录系统一次,完成跨域证书共享。此外,还具有高级身份验证和风险分析功能,此功能可在云系统和非云系统上无缝运行。

根据架构中描述的特性,一些供应商已提供专用工具和应用程序来帮助管理混合型 IT。市场上提供的这些工具及应用程序称为云管理平台(CMP)。下一节将讨论各种 CMP 工具。

7.11 CMP 工具

企业应用商店:企业应用商店是一个门户网站,旨在根据用户需求提供下载和安装各类软件应用程序。该商店可根据员工职位或不同业务部门的要求呈现多种视图。对于企业而言,这基本上相当于一个消费者应用程序市场。企业应用商店可由谷歌、亚马逊这样的服务提供商托管,作为一个内部应用商店,既可自己开发,也可采用 BMC、美国思杰公司等供应商提供的应用商店。企业应用商店或市场的运行其实是云供应商努力的结果,他们要为客户提供平台服务,以便为企业 IT 部门提供店面/超市般的购物体验。一些流行的企业应用商店包括 salesforce.com 的 AppExchange、Amazon Web Services Marketplace、Heroku 和 Liferay Marketplace 等。所有这些商店都是由第三方供应商创建并维护,但内部体现企业用户的品牌。对部分龙头企业的调查结果显示,目前有三分之一的企业正在部署企业应用商店,另外五分之一的企业处于计划阶段。调查结果如图 7.4 所示[2]。

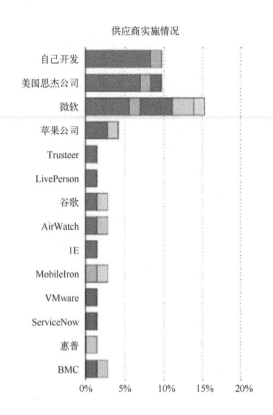

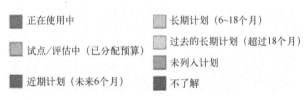

图 7.4 企业部署应用商店情况统计（见书后彩图）

业务应用商店在现有基础设施服务上增大了企业价值，是提高客户参与度的绝佳途径。与租用 VM 等典型基础设施组件相比，应用程序服务的收费可能更高。不同供应商市场经营的方式也有所不同。一些供应商为大型产品组合提供功能强大的店面，而其他供应商则更像是第三方商业应用程序的整合者。简而言之，应用商店为各种 CSP 带来了大量商业机会，使它们能够以"即服务"的形式销售更多的企业级软件应用程序。目前，市场上有多个应用商店运营商，包括加拿大贝尔集团、柯尔特（Colt）公司、德国电信公司和富士通公司等。其中一些供应商直接面向企业，而另一些则有渠道向中小型业务提供服务。

7.12 自助服务目录

自助服务目录包含一个 IT 服务目录,可配置包括内部和外部基础设施的资源。它帮助云用户自动配置所需的资源,无须人工干预。总体而言,自助服务目录的用户界面非常直观、友好。在大多数情况下,自助服务目录还提供工作流管理功能,创建、监控和部署资源及服务。自助服务目录可通过门户网站访问。在大多数情况下,门户网站提供功能规划和工作负载自动化工具的链接。大多数 CSP 构建了它们自己的自助服务目录功能,或从第三方供应商那里获得这些功能。根据对主要的云供应商的研究,大多数供应商都有自己的自助服务目录,如图 7.5 所示[2]。

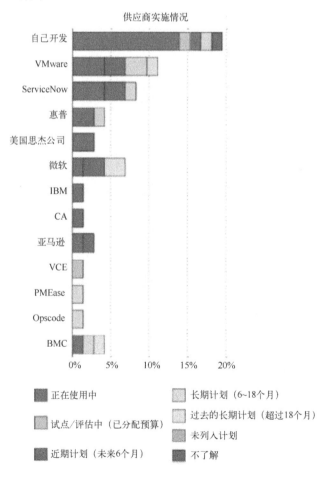

图 7.5 供应商实施自助服务目录情况统计(见书后彩图)

7.13 统一云管理控制平台

统一云管理控制平台为用户提供了一个统一的窗口来访问和管理混合云生态系统。控制平台能够展示各类提供商和内部系统资源使用情况的统一视图。图 7.6 描述了对主要的云供应商开展此功能的调查[2]。

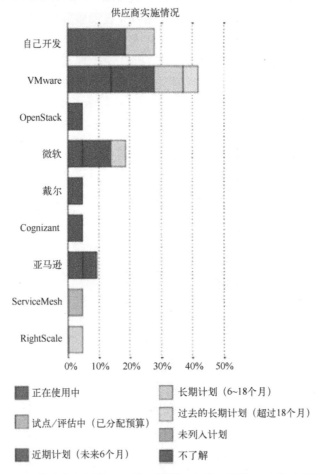

图 7.6 云供应商部署统一云管理控制平台情况统计（见书后彩图）

7.14 云治理

云治理是指管理云成本和性能的政策实施与资源跟踪。要实现云治理，最

常用的机制是编排平台,它能够根据某些预先定义的策略实现工作量的动态分配与安排。这种编排有助于将下列各个方面结合起来:
- 自助资源配置。
- 基于流程的引导与管理。
- 政策、安全性和治理管理。

图 7.7 描述了市场上一些主要供应商采用云治理机制的情况[2]。

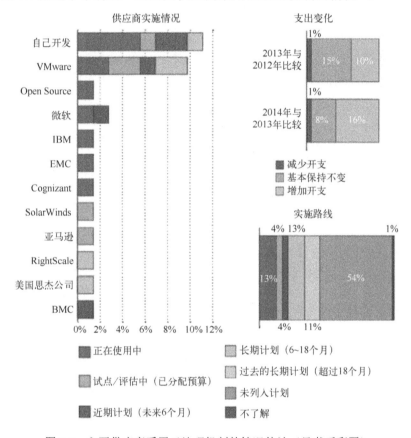

图 7.7 主要供应商采用云治理机制的情况统计(见书后彩图)

7.15 计量/计费

CMP 能够使用控制平台提供多个云提供商和内部系统的数据,轻而易举地跟踪并报告使用基于云服务的成本支出。当今大多数的 CMP 还能够根据历史数据来预测使用情况。

云计量与计费的另一个用途是根据企业各个部门/业务部门的使用情况进行成本分担。确保各种 IT 资源与其成本构成保持一致，有助于确定每个部门或用户需承担的成本。如果企业没有这种机制，就无法确定使用 IT 资源的支出。它可能还会导致部门或实体没有为它们使用的服务或将来为了维持其关键业务运营可能需要使用的服务支付费用的依据。单靠云计算无法帮助企业准确地简化各种 IT 资源的使用。然而，它能够帮助企业建立一个框架，这个框架能够根据资源使用情况确立资源计量和计费的分担模式。这就催生出一些供应商，他们设计出工具，帮助用户更好地监控和计划他们的云支出。这方面的一些知名供应商包括：

- Basic6。
- Cloudyn。
- Apptio。
- Cedexis。
- Copper.io。
- RightScale。

7.15.1 IaaS 的计费和计量服务

过去，配置主机应用所需的硬件（如服务器和其他相关基础设施）的成本严重限制了软件即服务相关应用程序的开发。例如，在采购服务器时，从计划、订购、运输到在数据中心安装新的服务器硬件这一流程需要数周时间。如今，随着基础设施即服务（IaaS）概念在云计算中的演进，各种基础设施组件的采购可在 1 分钟或几分钟内完成。

IaaS 组件的定价示例如图 7.8 所示[3]。

IaaS 定价的关键组成部分如下：
- 在按需模式下，按每小时使用的服务器数目。
- 为更好地规划容量而保留的服务器数目。
- 卷服务器的计量取决于实际使用的实例数量。
- 预付和保留的基础设施组件。
- 集群服务器资源。

```
亚马逊弹性计算云
美国东部（北弗吉尼亚）地区
    在 Linux/UNIX 系统上运行的亚马逊 EC2 预留实例
        每个小实例（m1.Small）0.03 美元*
        小时（或偏小时）                        188 小时           5.64
    在 Linux/UNIX 系统上运行的亚马逊 EC2
        每个小实例（m1.Small）0.085 美元*
        小时（或偏小时）                        3 小时             0.26
    亚马逊 EC2 EBS
        0.10 美元/GB—配置存储的月份              2.978 GB-Mo       0.30
        每一百万个 I/O 请求 0.10 美元             519.963 IO 请求    0.05
        0.10 美元/10,000 个（在加载快照时）       14.336 个请求      0.01
                                        下载使用情况报告           6.26
亚马逊简单存储服务
                                        下载使用情况报告           0.05
AWS 数据传输（不含亚马逊 CloudFront）
                                                            0.01

账单汇总表
在此账单周期内的使用费和每月经常性费用
（更多信息）                                                 6.32 美元
在此计费周期内的一次性费用
（更多信息）                                                 0.00 美元
税款
预估税                                                     0.00 美元
在此计费周期内的新增费用总额                                    6.32 美元
至今未收到任何付款。
当前估算的本计费周期待收的未付余额                              6.32 美元
```

图 7.8 IaaS 组件的定价示例

上述大部分组件的计费通常是按月完成的。每月账单费用包括持续运行整月的服务器和仅运行了一段时间的服务器费用。每个服务器组件都是收费的，不管它运行了 1 分钟还是 1 小时。

高级计费模型支持预定一部分计算资源，这样可以降低月度费用和小时费用，还有助于在无须任何等待的前提下，根据需要满足必要的基础需求计算资源。

7.15.2 PaaS 的计费和计量服务

由于平台在聚合层面和实体层面上的使用度量会有所不同，平台即服务（PaaS）的计费和计量是根据实际使用情况而定的。此外，能够精细粒度地监控资源，可以让 PaaS 运营商在同一硬件上灵活运行多个云用户的代码。例如，

CPU 使用率、磁盘利用率和网络带宽等参数均可决定 PaaS 的成本。定义 PaaS 计费的一些关键参数如下：
- 每小时的 CPU 使用率。
- 高可用性。
- 每月服务费。
- 网络输入和输出流量消耗的带宽。

网络输入和输出流量消耗的带宽决定了单个用户的使用情况，可用于作为计费和计量的度量标准。这个度量标准很有用，因为某些类型的 Web 应用程序会消耗更多流量，这取决于应用程序的内容。例如，与包含多媒体对象（如图片、音频和视频）的业务相比，包含 RESTful 载荷的 Web 应用程序数据可能消耗非常少的带宽。使用基于 HTTP 请求的计量方法进行事务处理，通常是最准确的，因为这类事务的成本可以精确计量。PaaS 计费中的另一个问题是，很难准确计算某个业务用户每次请求消耗了多少数量 CPU 带宽资源。计费和计量的一种有效方法是计算特定用户正在使用的存储数据量并按此计费。这是一种非常有效的方法，可用在存储服务中跟踪跨服务器存储的数据。

有些平台在提供实体层计量和计费上具有一定局限性，通常只提供单一的计费模型来运行应用程序代码。唯一准则是，此类平台通常附带安全代码要求，以避免程序长时间运行且占用 CPU。

7.15.3 SaaS 的计费和计量服务

对 SaaS 的应用程序来说，通常按每月固定成本计量和计费。应用程序用户的数量由企业根据用户/团队的 IT 需求来分配。在某些情况下，SaaS 提供商会对超过一定限度的使用量给予折扣，旨在鼓励企业让更多用户使用基于 SaaS 的应用程序。

SaaS 计费和计量中包含的两个概念是：
- 每月订阅费。
- 每个用户的月费用。

每月订阅费通常每月固定的一项费用，一般是指最短合同期限的固定费用。这种每月费用将初期软件资本投资改为每月运营费用。对于中小型企业来说，这种计费模型是一种非常有利的选择，因为这使它们能够灵活地使用其业务所需的应用程序。

下一节将研究市场上一些主要的 CMP 产品。

7.16 市场上主要的 CMP 供应商

7.16.1 思科云中心

思科云中心解决方案是一个非常流行的混合 CMP，提供在跨数据中心、公有和私有云环境下安全地配置基础设施资源和应用程序的组件。思科云中心的一些典型应用如下：

- 应用程序迁移。
- 跨异构云环境的 DevOps 自动化。
- 增强动态能力。

思科云中心的两个核心组件如下：

- 思科云中心管理器：用户建模、部署和管理运行在数据中心和云基础设施上或两者之间的所有应用程序的管理接口。该组件还为管理员提供了控制云和用户及管理规则的接口。思科云中心解决方案的关键组件之一是应用程序配置文件，它是云中心管理器的一部分，用于追踪每个应用程序的部署和管理需求。每个应用程序配置文件都包含一个整合在同一个部署场景中的基础设施和应用的自动化层的组合。通过使用特定的应用程序配置文件，思科云中心平台能够在任何地方部署并管理应用程序，无论是在数据中心还是在云环境中。
- 思科云中心编排器：该组件位于数据中心或云环境中，用于自动化部署应用程序和基础设施组件（计算、存储和网络），支持根据应用程序需求提供并配置基础设施组件。配置过程由思科云中心编排器内的代理组件执行。

思科云中心是一个企业级解决方案，可升级、安全、可扩展，并支持多个租户。它可以帮助企业实现 IT 即服务的混合交付策略。该解决方案可以实现快速的投资回报，而且不涉及任何复杂的部署方法。

思科云中心的总体架构和组件的关键功能如图 7.9 所示。

图 7.9 思科云中心的总体架构和组件的关键功能

7.16.2 VMware 的 vCloud 自动化中心

VMware vCloud® Automation Center™帮助企业加快下列组件的交付和管理：
- 个性化、与业务相关的基础设施。
- 应用程序和自定义服务。

该解决方案有助于提高 IT 的整体效率。该解决方案的一些关键功能，如基于策略的管理和逻辑应用建模等，可以使多个供应商和云服务以正确的规模交付并分配给待运行的任务，这样使资源保持在最高运行效率。发布自动化功能允许在开发和部署过程中对多个应用程序部署进行同步。

vCloud 自动化中心能够帮助将 IT 转换为业务能力。

以下是该解决方案提供的主要功能[3]：
- **全面的功能性定制**：vCloud 自动化中心是一款支持企业定制的解决方案，目标是可以为大量的专有环境提供持续管理私有和混合云的服务。
- **个性化、基于业务感知的管理**：使 IT 管理员能够在不改变企业流程或策略的情况下，按照自己的方式在云上部署应用。企业可根据自身需要获得业务部门所需的灵活性，以拥有不同的服务等级、策略和自动化流程。

配置和管理应用程序服务可通过简化部署流程及使用可重用组件和设计来消除重复工作，加快应用程序部署。
- 基础设施交付和生命周期管理实现了多供应商基础设施端到端部署的自动化，打破了影响 IT 服务交付速度的企业内部瓶颈。
- 可按设计扩展的 vCloud 自动化中心提供全方位的可扩展选项，授权 IT 人员在现有的 IT 基础设施和流程中启用、调整和扩展云服务，降低风险的同时可以免去昂贵的服务定制费。

VMware 的 vCloud 自动化中心的总体架构如图 7.10 所示。

图 7.10 vCloud 自动化中心的总体架构

7.17 结论

本章的前半部分探讨了企业将内部部署与云基础设施及应用整合应用的新发展趋势，称为混合型 IT。这迫使企业采用新模型以通过统一架构实现这些组件的管理。以下是混合型 IT 方法的主要特点：

- 易用性。
- 完全可视性。
- 高效备份。
- 统一安全性。
- 控制平台。

然后，我们讨论了实现混合型 IT 的架构。本章的后半部分介绍了 CMP 的概念，CMP 是一套用于管理混合 IT 基础设施的工具。本章还讨论了如下一些工具：

- 企业应用商店。
- 自助服务目录。
- 统一云管理控制平台。
- 云治理。
- 计量与计费。

最后，我们列举了 CMP 领域的一些知名供应商及其产品。

第 8 章

多云代理解决方案和服务

8.1 绪论

不可否认，云计算的技术和应用正在以疯狂的态势发展。服务器等物理设备通过部署简单易用、高成熟度和运行稳定的虚拟机监视器（VMM）实现了虚拟化，开启了一场改变游戏规则的旅程。在此之后，强大的工具和引擎实现了诸多功能的自动化并加快执行一些手动任务，如 VM 监控、测量、管理、负荷均衡、容量规划、安全和任务调度。此外，企业对 CMP（如 OpenStack、CloudStack）展现出前所未有的热情，使其成为管理各种 IT 基础设施（如计算机、存储设备、网络解决方案、操作系统映像）的利器。不仅如此，还有以模式、清单和方法为中心的配置管理工具，用于适当地配置、安装和维护业务工作负载、IT 平台、数据库和中间件。还有用于支持基础设施配置、修补、管理及治理的模板编排工具。还有可以与 ITIL 兼容的服务管理工具，用于维护各种云基础设施、资源和应用程序、操作系统和应用程序工作负载，以增强业务连续性、可消费性和客户满意度。云资源和应用程序的端到端生命周期管理是通过支持策略和状态分析的集成工具来实现的。通过使用路径突破算法和专利技术，使复杂的任务得以简化，例如应用程序长时间运行的工作流/任务调度，可通过基于可变参数的 VM 合并与部署来进行工作负载优化及运营分析。目前，在业务流程管理（BPM）、业务规则引擎、性能改进及增强等方面存在一些行之有效的解决方案，将云计算支持提升到一个新水平。如今，正朝着实现软件定义的云方向迈进，不仅是计算机，网络和存储解决方案也正在完全虚拟化。

此外，还有用于支持网络和存储虚拟化的虚拟机监视器解决方案。在数据分析和机器/深度学习领域也同时取得了巨大进步，未来几年必将稳步推进感知云的建立与发展。

因此，云化的发展轨道和方向是正确的，它可以为不同利益相关者（包括CSP、代理、采购商、审计师、开发人员和消费者）提供他们期望的业务和技术优势。准确地说，这些广受争议和广泛讨论的技术进步共同产生了大量高度优化和自组织的混合云环境。

> **混合云与多云**
>
> 这两个时髦词汇之间存在一些明显区别。在一个多云解决方案中，企业使用多个不同的公有云服务，这些公有云通常来自多个不同的提供商。不同的云可用于不同的任务，以实现最佳结果或避免供应商锁定。人们逐渐认识到，并非所有的云都是一样的。举例来说，营销和销售的需求可能与软件开发或研发不同，不同的云解决方案能够更有效地满足这些需求。此外，多云最大限度地减少对任何一个提供商的依赖，这可以有效降低成本，增加灵活性，使企业更加安心。多个公有云通常与本地物理、虚拟和私有云基础设施结合使用。
>
> 另外，混合云将私有云和公有云结合使用，以达到相同目的。它与多云有两个主要区别。
>
> （1）混合云始终包括私有云和公有云，而多云始终包括多个公有云，但也可合并物理和虚拟基础设施，包括私有云。
>
> （2）与多云模型（不同的云用于不同任务）不同，混合云的组件通常一起协同工作。因此，在混合云环境中，数据和流程往往会混合并交叉。而在一个多云环境中，数据使用和流程运算通常会保留在其"自己"的云环境中。
>
> 在混合云架构中运行的应用程序可使用来自公有云的负荷均衡、Web和应用服务，而数据库和存储则位于私有云中。它拥有在私有云和公有云中执行相同功能的计算资源，并可根据负荷和成本交换任意一个云中所使用的计算量。另外，一个非混合型多云环境中的应用程序在使用Azure数据库服务的同时，可在AWS中运行所有计算和网络活动。在这种多云环境中，一些应用程序只在Azure中使用资源，而另一些应用程序只在AWS中使用资源；或者，应用程序只能在公有云中使用资源，而其他应用程序只在私有云中使用资源。此段内容截取自http://www.bmc.com/blogs/hybrid-cloud-vs-multi-cloud-whats-the-difference/。

8.2 云代理解决方案和服务的关键驱动因素

云技术继续支持并颠覆数字业务的实现。越来越多的企业开始意识到利用多云基础设施和平台支持员工生产力、协作和业务创新的益处。然而，CSP 和通信服务提供商使用云服务会给 IT 行业带来一系列的独特挑战。具体来说，因为企业 IT 团队现在必须编排上线、管理和交付多个门户网站及供应商的 IT 服务和业务服务，由于这种多样性，很难确保在多云生态系统中实现一致的性能、安全性和控制性。

这就是云管理和代理平台解决方案逐渐流行的原因。这些因素有助于选择最符合企业需要的云服务，支持业务部门（LOB）的需求，在不影响性能或安全的情况下满足不同云的 IT 需求。在不同云环境和分布式云环境下提供不同服务（甚至相同服务）给机构、创新者和个人，使得不同云服务的发现和利用（具有不同 SLA 和成本）存在诸多挑战。

如今的商业用户和应用程序开发人员要求基于云的服务具有立即可用性和无限的可扩展性。LOB 直接采购云服务导致了影子 IT 这种新应用场景，员工可以有效地"绕过"现行公司政策和安全程序。这通常是因为企业 IT 与具体业务部门的业务需求不紧密一致。多云基础设施和平台的扩展使用增加了企业的安全风险。当公司数据从内部转移到多个私有云和公有云并返回时，保护公司数据变得至关重要，但这也具有挑战性。IT 必须管理具有不同功能、流程、成本和性能等级的多个云环境和服务。这不仅耗费时间，而且如果管理不当，成本可能会失控。

云代理已成为能够管理多个云生态系统复杂性，并将企业转变为数字企业的编排大师。云代理是一种中间件解决方案，充当云服务消费者与 CSP 之间的中介。通常，有三种类型的云代理：

（1）**云集成**——云集成是一种将多个服务目录打包并集成到统一的用户界面的代理。当然，客户选择可多可少的服务，来满足其特定的业务需求，但只需向代理支付一张账单。与单独购买每项服务相比，云集成模式是更具成本效益和效率的方法。作为封装再销售业务功能的一部分，集成商在管理云提供商之间的关系和服务方面起着至关重要的作用。云代理可以在云端提供诸如安全或管理之类的额外服务。总体来说，集成的一个主要目标就是管理一个实际的服务目录，为所有业务和 IT 服务提供一个统一管理平台，在节省时间和资金的同时增强灵活性和可迁移性。云服务的**集成**实质上就是创建一个虚拟服务提供商，负责提供跨云服务的规范化数据建模，支持跨多种服务的数据迁移和安全性。云服务集成商应向提供商赋予一定的灵活性和可迁移性。在云服务代理业务中**获取利益**是云集成的一项额外功能，通过在云服务和单一访问点之间灵活地迁移，使终端用户能够根据指标选择最佳选项。在服务中提供数据迁移的可选项，可以更加充分地利用性能并节约成本。

（2）**云整合**——云整合是通过单一编排实现跨混合环境工作流的自动化，以提高性能并降低业务风险，从而增加价值。一旦传统资源迁移到云上，云整合就需要根据应用需求为企业提供支持。**整合**是利用多种 B2B 软件的按需服务、SaaS、PaaS 或 IaaS 以及它们的隔离环境来保护企业数据的真实性。云整合可能很复杂，它不仅需要云代理的支持，还需要 B2B 供应商和基础设施提供商等的共同努力。

（3）**云定制**——顾名思义，云定制需要改进现有的云服务，以满足业务需求。在某些情况下，云代理甚至可根据企业要求开发在云平台中运行的附加功能，这种功能对于构建一个可完全配置的云环境至关重要，因为它可以提高关键 IT 流程的可视化、合规性和集成性。云服务代理（CSB），作为中介，需要提供特定的增值服务，以增强云服务能力，比如提供对多云服务的身份或访问管理功能等。

云服务代理为最终客户提供解决方案，使 IT 成为业务增长的加速器。云服务代理的其他能力包括：

- 云服务代理可以减轻因部署、管理和定制云服务所带来的障碍。通常，由代理服务提供商及其咨询团队负责评估不同云服务提供商的服务，并指导客户该如何使用云服务来推动数字创新。代理会向客户提供一份提供商推荐表，对其服务特性、费用明细、SLA 和其他标准进行比较。通过这种方式，代理通过工具和专业知识帮助客户做出一个客观、准确和明智的决策。
- 云代理可能被授权代表客户与云服务提供商（CSP）协商合同。通过授权云代理与多个提供商签订服务合同，可能是保持低成本的一个绝佳策略。此外，云服务代理通常与许多提供商存在合作关系，在某些情况下甚至还有预定的合同，这样会加快了提供商的甄选过程，这种方式通常在云集成商中最为常见。
- 云服务代理可以帮助消除资源冗余，优化利用率，并支持 IT 部门对云消费成本的控制。此外，可以实时统一地查看内部云和公有云资源，有助于企业减少由于管理多个云平台所引发的错误。

- 随着云服务的迅速普及和广泛应用,很多 IT 支出会在不知不觉中发生,影子 IT 的情况层出不穷。由于云服务代理提供了统一的云策略,有助于将业务生产线与 IT 功能结合起来,提高 IT 对企业运营需求的响应能力。这样 IT 部门可从提供被动支持过渡到主动交付解决方案。
- 云代理可审查供应商,确保它们符合可靠的安全标准,从而降低将安全服务迁移到云的风险。对于医疗和金融服务等受高度监管的行业,这一点尤为重要,因为在这些行业中,数据保护至关重要。云代理可以帮助它们实现云治理和合规的自动化,并通过单一视图来管理企业环境中的风险。

总体而言,云服务代理支持在公有云和私有云之间安全地迁移数据、应用程序和基础设施组件。传统的 IT 环境也可以从云代理中获益,投身到不断增长的云应用中。可信的云服务代理应能够在不破坏创新能力的情况下,通过下列方式管理云环境:

- 通过与服务管理流程结合,简化对变更和配置的追踪。
- 向用户提供其云服务选项的费用预估。
- 报告使用情况,管理预算。
- 监控云服务的性能,防止停机。
- 使用精细粒度的多租户和基于角色的访问控制管理部门或用户。

随着全球企业为投身未来云发展所做的准备越来越充分,现在正是利用云服务代理的优势来消除复杂性、提高生产力并降低影子 IT 风险的最佳时机。这些增强的业务成果允许任何企业跟上日益变化的业务需求的步伐,并确保灵活地交付创新服务(http://www.bmc.com/blogs/cloud-service-brokerages-how-csbs-fit-in-a-multi-cloud-world/)。

以下是代理概念得以普及的主要驱动因素:

(1)朝向多云环境发展。
(2)向混合型 IT 转型。
(3)实现"IT 即服务"的理念。
(4)计划顺利过渡到云。
(5)授权自助 IT。
(6)合并影子 IT。
(7)设置并维护多云环境。
(8)简化多云治理和控制。

第 8 章 多云代理解决方案和服务

IBM Cloud Brokerage 是实现混合型 IT 的利器——当一个数据中心接近寿命末端时,必须对如何替换它做出重要决定。越来越多的企业选择用云和有形资产的结合(称为混合型 IT)来取代不灵活且复杂的数据中心。企业要在交易、决策和行为上更具竞争力,迫切需要解决资本和运营成本、估值时间、缺乏自动化、退款准确率等基本问题。只要利用正确的专业知识和工具,混合型 IT 将有助于解决这些长期问题并提高竞争力。

费用持续增加——在物理数据中心环境(特别是跨越政治和地理边界)中运营、维护和扩展应用服务的费用将持续增加。

速度——对于内部和技术部门提出的服务请求,平均需要 4~6 周的时间进行审查和批准,这往往会给业务部门带来挫败感,而且缺乏灵活性。

缺乏自动化——处理应用服务请求需要耗费太多的人工,而需要多项技能的组合使得人员投入费用进一步加剧。

退费准确率——在不考虑使用状况的情况下,仍需要向业务部门收取一定比例的 IT 费用。

资本支出——建立和部署新的数据中心需要大量的前期成本。

对于任何企业 IT 部门来说,混合型 IT 绝对是一个长期的、战略性的方法和举措。混合型 IT 通常包括私有云、公有云和传统 IT。混合型 IT 具有能改变游戏规则的独特优势。首先,也是最重要的一点,它从未要求淘汰并更换现有的系统。任何混合型 IT 解决方案都需要继续与现有的服务管理系统行交互,并恰当地与标签管理协同。实现无风险混合型 IT 的一个最重要的工具是具有竞争力且全面的云代理解决方案。一个完整的云代理解决方案将把规划、消费、交付和管理无缝地结合在公有、私有、虚拟、托管及内部和外部解决方案中。广泛认为 IBM Cloud Brokerage 是业界最好的云代理解决方案,借助它独特的功能,能够轻松地完成各种任务。

IBM Cloud Brokerage 具有下列功能:

- 业界领先的云基础设施提供商的备选目录,即开即用,无须整合。
- 一个消费者可以选择并比较提供商服务的市场,或添加自己 IT 部门批准的采购和配置服务。消费者可使用通用的工作流,按分钟(而非按周)执行审批流程。
- 准确度和成本分配的报告与监控,包括多个供应商的合并账单估算值、实际值和使用预测。
- 可视化设计工具,包含同步和发现功能,可以将资产(VM)拉入统一的架构视图和管理标准。

> ● 通过 API 框架与服务管理和标识系统集成在一起。

创建混合型 IT 环境——众所周知，混合云通常是私有云与一两个公有云环境的动态组合。然而，混合型 IT 通过无缝集成分布在异地或完全不同的云来构成一个多云环境，以获得在位置、性能、能力和成本方面的战略优势，从而轻松地达到工作负载要求和业务目标。为了实现混合型 IT 的目标，在多个位置、应用程序/工作负载特性、治理模型、专有技术等方面存在挑战和诸多需要关注的问题。最近一段时间，市场上出现了大量用于实现混合型 IT 的产品，如支持云的连接器、集成装置、适配器、API 和代理等。

设计并交付一个成功的混合型 IT 系统，归根结底是如何评估和管理传统 IT 和云 IT 的组合，平衡各种内部和外部供应商，并在业务需要新功能时迅速做出技术选择。所有这些任务必须同时持续执行，以达到最终需要实现的三个基本目标：

（1）为用户和客户提供每个应用程序和用户的正确服务等级。

（2）优化应用交付，精简和简化 IT 操作，并实现自动化。

（3）实现以服务为中心的 IT，加快业务响应速度（现在和正在进行的业务）。

实现这些目标需要新方法的支持。解决方案不再局限于室内部署和内部部署。通过技术构成由提供商、资源和工具组成的生态系统，必须设计、建模、测试、实现和改进新旧 IT 系统之间的交互。对于一些技术资源，必须加以管理和整合，并根据需要使其实现业务敏捷性。范围的扩展要求 IT 将公司与各种供应商和客户联系起来——所有这些都必须有效加以处理，以避免风险或对企业造成影响。实际上，除非 IT 运作更像一个企业，否则无法实现混合型 IT 基础设施——在多源模式中管理供应商的选取、包装、定价、交付和计费。正确考虑这些之后，显然需要一个企业级的、环境感知的、高度同步和精密的软件解决方案，以实现混合型 IT 的愿景。

迈向"IT 即服务"（ITaaS）时代——现今绝对是一个服务的时代。在规划和巩固迈向"一切即服务"（XaaS）时代的征程中，企业在面向服务架构（SOA）方面所展现出的浓厚兴趣和积极态度为它们带来了丰厚回报。服务模式的目的旨在促进增长。不同任务通过各种自动化工具得到极大的简化和加速，如服务概念化、具体化、组合、部署、交付、管理和增强等工具。所有类型的 IT 功能都被封装为易于识别、网络可访问、独特的互操作、灵活组合、快速恢复和可替换的服务。通过这些服务支持，各种封闭的、单机的、不灵活的 IT 基础设施正在改进并变成开放的、可远程使用的、易于操作的和可管理的组件。随着各类用于 IT 服务监控、测量和管理的工具、引擎及平台的出现和广泛普及，IT 资产和应用程序已经迈入为 ITaaS 时代做好准备。

此外，作为 SOA 分支的微服务体系结构（MSA）近来取得很大进展，因此"即服务"时代必然会出现一连串强大的创新、变革，甚至颠覆。云代理解决方案是最能满足 ITaaS 这种特定需求的解决方案。

拥抱云概念——由于对高度优化和组织的 IT 环境具有直接和决定性的影响，席卷而来的云模式正受到极大的关注。然而，云的发展历程却障碍重重。云环境是一项乏味而艰巨的工作，为了赶上云的潮流，特别是确定哪些应用能够实现更好的结果，一个成熟的云代理在云策略的制定和实施方面起着非常重要的作用。

向自服务 IT 迈进——人们坚信，IT 必须服务企业和人类。为使用 IT 解决方案和 IT 支持的服务，必须确保界面内容丰富、直观和智能化，以便为不同用户带来友好体验。自动化是云产品固有的重要原则和特性。云代理是能够为云基础设施、平台和应用程序提供快速部署服务的工具。

支持影子 IT 需求——事实上，世界各国的 IT 企业都在努力提供与公有云的敏捷性和灵活性相匹配的 IT 功能。即使是它们自己内部的私有云和所有支持云的 IT 基础设施，也无法提供公有云所具有的多样性、简单性和可消费性等特点，因为遗留的工作流、人工解释和干预，以及业务采购需求通常会放慢企业 IT 发展的步伐。这些挑战不断促使商业用户在不依赖他们企业核心 IT 团队的情况下挖掘和获取各种 IT 功能；也就是说，企业中的不同部门和用户依靠自身来满足他们在各种公有云中的 IT 需求。他们绕过了核心 IT 团队，这种行业趋势称为影子 IT。用户使用影子 IT，是因为公有云保证了按需资源，这为加速创新和缩短新产品及优质产品的上市时间奠定了坚实基础。

然而，影子 IT 充满了风险和挑战，致使企业 IT 部门面临巨大压力，需要以一种条理清晰和智能化的方式解决这一问题。许多 IT 企业不知道它们的员工使用的是哪种云服务，因为用户会与它们的云活动保持同步。IT 团队不知道数据所在位置，数据集是否得到了相应保护，数据和应用程序是否已经备份以支持数据和灾难恢复，这些功能是否会根据快速发展的业务需求而进行扩展，以及所需的费用。因此，对于商业巨头来说，必须通过提供一种令人信服的替代方案来解决影子 IT 的问题。传统的 IT 中心（甚至私有云）需要通过授权来使用公有云所提供的所有服务，这些服务具有按需、在线、外部部署、整合、共享、自动化、虚拟化和容器化的特点，具有无法比拟的优势。实际上，IT 企业必须在不确定风险的情况下使用影子 IT 的这些功能并获得益处。在本书中，将云代理解决方案的作用定位为在没有明确风险的前提下使用影子 IT 提供的功能。通过 IBM Cloud Brokerage，IT 企业能够设计出实用的方法，来挖掘现有资源，提供对新资源的可视化，以及提供影子 IT 的替代方案。这些企业可从小规模开始，根据需要扩展 IT 的能力和功能。

建立并管理多云环境——采用集成引擎，使分布式和不同的云环境能够被发现和绑定以利用彼此独特的功能和特性。将越来越多的云结合使用，以满足特殊的业务需求。云正在通过以技术为中心的标准化实现交互，因此 InterCloud（互联云）的愿景是能够尽早实现这一目标。有几个有趣的新术语，如开放云、三角云和互操作云等。除了虚拟化之外，随着容器化行业标准正在制定，容器化的时代也将迎来蓬勃发展。支持 Docker 的容器化是指使用以便携而著称的容器化应用程序来实现"一次生成，随处运行"的目标。通过使用开源 Docker 平台，开发、运输、部署、管理和增强容器化工作负载变得简单快捷。所有这些都清楚地表明，各种分布式云环境正在不同层面上集成，为随后以人为本及知识型服务做好一切准备，以实现不同个人、社会和职业的不同需求。根据商业需求，需要建立混合云和多云环境，将地理上分布的不同云环境（内部云、传统 IT 环境、在线、按需和外部云）相互整合来满足不同的业务需求。

通过对市场信心和商业环境的观察与分析，可以预测，多云环境将成为未来的新常态。需要根据行业实力与标准化来整合和编排多云管理平台，以及大量其他相关授权，以使多云环境成为下一代商业巨头的有效价值补充。对于 IT 行业而言，云具有灵活性、适应性和可承受性的优势，能够使 IT 企业更简单方便地调整它们的业务，从而更好地支持它们的用户、客户和消费者。云代理解决方案是最重要的实体，为不断增长的（通用和特定的）异构云提供同步、简化和智能的前端；也就是说，云消费者不需要与多个不同的云进行交互，而是用户可在任何地方随时与云代理门户进行交互，只需要单击鼠标，便可顺利及时地完成任务。

总之，云代理的作用是在保证 IT 敏捷性和控制性的同时，有效改变 IT 服务交付的方式。云代理支持云消费者访问和使用多个 CSP 及它们各自的服务。此外，云代理还可以处理服务交付、实现、API 处理、配置管理、资源行为差异和其他复杂任务。云代理帮助用户在选择云基础设施、平台、流程和应用程序方面做出明智的决策，这通常包括成本、合规性、实用性、治理、可审核性等。云代理还简化了流程，加快了云的部署和适用。通过云代理解决方案的灵活运用，IT 运营模式必然会经历一系列的转型和颠覆。简而言之，通过使用云服务和代理解决方案，可以消除云计算的复杂性，数字化、API、创意和富有洞察力的经济时代必将经历一场彻底的变革。

云服务代理实施最佳执行场所（BEV）策略，该策略基于这样一种理念：各类 IT 相关业务都需要有一个能使其性能和成本达到最佳平衡状态的环境来供 IT 企业选择（甚至让应用程序自动选择这个环境）。因此，任何企业都可以通过云代理为其混合型 IT 环境创建一个"正确的资源组合"，达到"投入少，产出多"的战略目标。云用户能够根据工作负载配置文件、策略和 SLA 要求来决定如何及在何处运行应用程序，以及从何处获得服务。随着外包、托管、管理服务和云服务的逐渐融合，这些选项呈正指数级增长。BEV 策略使用户能够找到最适合他们需求的服务。云代理是实现这种方法的关键元素。

本书已经详细介绍了新一代云代理解决方案如何满足上述混合型 IT 需求，下一节中将详细介绍 IBM Cloud Brokerage 如何成为满足云代理需求的战略软件套件。

拥有云代理的优势：

- 降低云服务的成本（使用云代理可节省 30%~40%的成本）。
- 集成现有的多个 IT 环境和云环境，例如，建立混合体，并对来自多个云提供商的服务进行整合。
- 通过目录了解哪些公有云服务可用。
- 基于策略的服务目录，只包含企业希望其员工购买的云服务。
- 统一购买云服务（代理），并将（由客户）选定的服务更好地结合在一起。
- 评估当前应用程序的云就绪状态。
- 确保云服务符合企业政策。
- 确保遵守数据主权法律。
- 云代理：
  - 涵盖云堆栈的所有层（IaaS、PaaS 和 SaaS）。
  - 提供多种部署模型：内部部署（本地）；外部部署（专用或共享）。IBM 支持所有这些"即服务"的部署模型，但目前不提供传统的授权软件产品。

8.3 IBM Cloud Brokerage 介绍

IBM Cloud Brokerage 是专为混合型 IT 而构建的解决方案之一。IBM Cloud

Brokerage 使企业能够将其 IT 服务模型从高成本、不灵活的物理数据中心模型转变为按使用付费的新型模型。IBM Cloud Brokerage 提供了一个涵盖许多云提供商的自动化和自助服务视图。它有一个独特的特性，即可以审查和审核每个云提供商。它可以评估每个 CSP 的优势和劣势，并阐明成本结构和合同复杂性，使企业清楚地了解成本的上升、下降和长期价值。IBM Cloud Brokerage 甚至提供了一个架构，用于快速整合用户与云供应商之间的合约。IBM Cloud Brokerage 旨在解决云计算给 IT 价值链带来的挑战，同时支持混合型 IT，在动态市场的支持下解决流程中的多个步骤，IBM Cloud Brokerage 可实现以下目标：

- 支持准确、及时地访问选择的服务提供商和交付环境。
- 通过开放 API，使用现有的服务管理工具促进多源解决方案的交付。
- 提供单一记录系统，以便跟踪订单（从设计到记费）。通过应用程序、虚拟数据中心（VDC）和业务部门实现集中治理和成本管理。

IBM Cloud Brokerage 的真正益处在于它能够帮助企业将云的复杂性转变为云的价值，它能够根据短期和长期目标快速做出决策，避免陷入供应商 RFP 和技术比较的泥潭。IBM Cloud Brokerage 使企业和用户能够在几分钟（而不是几周）内做出明智的选择。不再需要审查供应商和管理技术整合方案——IBM Cloud Brokerage 可根据需求和目标，简化这种复杂性。

IBM Cloud Brokerage 是一款云代理 SaaS 产品，通过一个主控界面帮助以极其简单的方式规划、购买和管理不同供应商的软件和云服务，其体系架构如图 8.1 所示。

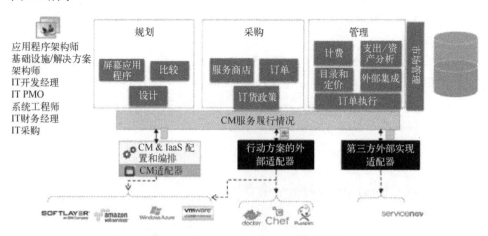

图 8.1　IBM Cloud Brokerage 体系架构

第8章 多云代理解决方案和服务

规划
- 评估工作负载,以确定哪些将从云中受益。
- 对多个提供商的 IT 资源进行并列比较。
- 创建自定义的解决方案、可重用的解决方案及包含管理服务的方案设计。

采购
- 探索动态目录支持的服务商店。
- 为用户的业务需求找到最佳解决方案。

管理
- 使用集中计费管理解决方案来整合账单并指导支付流程。
- 通过管理,更好地遵守企业政策。

IBM Cloud Brokerage 为企业提供一个解决方案,帮助它们实现与公有云一样的灵敏性。它还提供了一种循证方法来避免无依据的猜测,通过映射实体之间的相互依赖关系,创建动态决策树,为各种参数分配权重,来提供一个实现一致且更准确的框架。功能组件架构如图 8.2 所示。

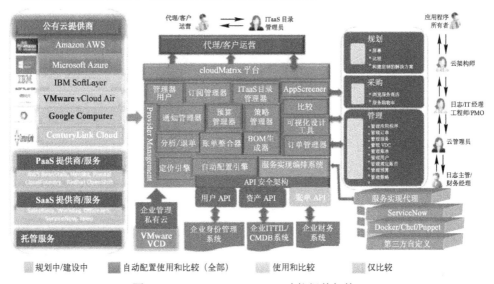

图 8.2　IBM Cloud Brokerage 功能组件架构

8.4　IBM Cloud Brokerage 的关键组件

应用程序筛选器——IBM Cloud Brokerage 利用获得专利的分析技术,根据对部署方案和当前工作负载数据的公正分析，帮助规划人员确定项目的适合性、可行性及迁移的好处。它解决了一系列基本问题：①哪些工作负载？②按什么顺序？③准备好了吗？④有什么效益？⑤哪些基础设施？应用程序筛选向导提供了两个主要建议：效益矩阵和云就绪状态评估。效益就是通过在云端运行而获得的改进收益（总拥有成本和业绩增长）。就绪状态指标是衡量应用程序在云端移动和运行是否受架构可行性、平台可移植性及应用程序复杂性的影响，难易程度如何。应用程序筛选器还就特定应用程序的理想基础设施提供建议和依据。

云比较——在此之前，用户选择云提供商时需要进行一些猜测，因为不同的定价和打包模式使他们几乎无法进行清晰的对比。IBM Cloud Brokerage 使用获得专利的 Gravitant 能力单位（GCU）来规范不同提供商的成本。GCU 的计算速度为 4.0GHz，1Mb/s 带宽的随机存取内存为 4GB，本地存储空间为 100GB。IBM 使用数学建模来规范服务提供商产品的价格、SLA 和功能。IBM Cloud Brokerage 提供了预设大小的软件包，以便比较。这些是标准软件包。它是了解特定规模云服务的成本、容量和 SLA 的标尺——以便成本预测和长期规划。除此之外，还可以定制一个更符合业务需求的软件包，并进行更精确的比较。

IBM Cloud Brokerage 帮助在匹配指数与成本之间做出明智的权衡。可以选择价格较高的少数提供商来提供更广泛的产品（较高的匹配指数），也可以选择一组提供商，来提供更具体的产品（较低的匹配指数）。

可视化解决方案设计工具——借助 IBM Cloud Brokerage，可以通过一个可靠的 ITaaS 目录设计虚拟数据中心（VDC），该目录包括公有和私有资源、虚拟资源及相关的托管服务。IBM Cloud Brokerage 采用多层次、多环境的设计工具，允许在很短的时间内设计出一套完整的 IT 解决方案（基础设施和托管服务）。另外，还可以将这些设计保存为解决方案的设计图模板，从而缩短设计时间并提高标准化程度，并确认是否符合安全性、合规和预算标准。

IBM Cloud Brokerage 的可视化解决方案设计工具能够帮助轻松开展协作，妥善管理相互依赖关系，并使架构满足 IT 和业务需求。最重要的是，能够跨多个 VDC（内部或外部）映射关系来构建应用程序框架，并保证迁移和演化不会损害功能。

可视化解决方案设计工具帮助识别、管理和编排企业需求，以可预测、更有效的方式进行 IT 改进。通过这个工具，最终将得到可以在使用该架构和解决方案的环境下监控并管理组件的能力。在整个生命周期中使用这种环境，企业更加容易明确它们在 VDC 和架构层面的投资回报和总投资成本。

IT 费用估算——在下单之前了解全部费用。映射到解决方案设计的费用明细表，作为下单前的最后一步，为用户提供 IT 费用估算。

简而言之，IBM 旨在通过以下方式帮助用户实现突破性的成果：
- 确定要移动的有效工作负载，以及成功迁移所需的内容。
- 在各种部署选项中选择最适合的解决方案。
- 设计一个多层的应用程序架构，在下单之前生成一个 IT 费用账单。

8.5　IBM Cloud Brokerage 的独特功能

IBM Cloud Brokerage 是一个解决整个 IT 价值链的云代理套件：评估、比较、设计、采购、配置、运行和控制，以及代理业务的其他新领域。Cloud Brokerage 能够在整个生命周期中对虚拟化资源、公有云和私有云进行整合，并实现托管服务的集成，这些能力使其成为唯一一支持 ITaaS 模型的软件。Cloud Brokerage 将云服务代理作为面向系统集成商和大型企业的 SaaS 平台。其他值得关注的功能包括：

IBM Cloud Brokerage 规划——通过工作负载特性分析、自动化云服务代理功能和云管理，使企业能够评估现有应用程序从云环境中获得的收益和云端的准备情况。分析复杂的工作负载特性通过使用一种交互式、基于研究的调查问卷来确定可能产生的工作负载。客户选择需要评估的内容，例如应用程序的就绪状态、云提供商的比较或定制设计的解决方案或行动方案。通过分析用户优先级和其他因素，就云提供商和内部选项中最适合开展工作负载的位置提出建议。即开即用的比较方法适用于 AWS、Azure、IBM Bluemix、Google Compute、VMware vCloud Director 5.1 和 5.5。它为重要的采购决策提供信息，如估算成本和运行要求。表 8.1 给消费者提供了一个多云环境。

表 8.1　与 Cloud Brokerage 存在交互的公有云

提供商	总结	类型
AWS	订单、发现同步、配置、计费自动化	公有云
Azure	订单、发现同步、配置、计费自动化	公有云
VMware VCD	订单、发现同步、配置、估算费用	私有云
IBM Bluemix	订单、估算费用（发现同步、配置、计费自动化）	公有云
OpenStack	（订单、发现同步、配置等）	私有云
vCloud air	订单、估算费用	公有云

应用评估——在选择最合适的目标基础设施时,既要考虑技术准备情况,又要考虑业务效益。

工作负载的分配——通过使用 IBM Cloud Brokerage,可以保证对云应用程序的部署和优先级设置充满信心。IBM Cloud Brokerage 支持对将指定应用程序迁移至云中的准备情况和收益的分析,还会为企业推荐理想的目标基础设施。最终,用户将得到一个视图,上面记录着用户的所有工作负载及其准备情况和益处,还可以了解到为新的目标基础设施准备这些工作负载需要哪些额外工作或投资。

提供商的匹配与选择——对提供商所提供的服务进行简单的并列比较,更容易地将功能与需求进行匹配。大多数情况下,单个提供商无法满足所有需求,因此可能需要一组提供商共同设计一个多云解决方案。这个步骤包括将云提供商的成本标准化,对成本、SLA、配置和支持情况进行并列比较。

多云解决方案设计——一旦选择了一个或多个提供商,就需要设计一个多层的应用程序架构,以便清楚了解业务之间的相互依赖关系和与解决方案相关的成本。

现有资源的发现与同步——首先要了解云中的当前资源。IBM Cloud Brokerage 有助于 IT 企业发现并同步来自主要云提供商的现有资产。把这些隐藏的资源集中在一起,为 IT 企业提供一个现有资源的详细视图,以便在未来的应用程序架构中标记和使用这些资源。通过这种功能,IT 企业和用户可以更容易地发现当前提供商掌控的资源,并进行同步,以便它们能够显示在 IBM Cloud Brokerage 中。通过将资源集中到一起,IBM Cloud Brokerage 可帮助 IT 企业对安全程序进行多方审查。IT 企业可以进一步了解用户如何使用公有云,以进行成本控制和未来规划。

监控新的公有云部署情况——IBM Cloud Brokerage 允许企业通过集中存储方式提供公有云产品,也允许 IT 团队在用户使用公有云时,使用一种新方法来跟踪资产并监控开销。通过 IBM Cloud Brokerage,企业 IT 团队能够在引导用户使用 IT 目录的同时获得更全面的可视化和监控能力,减少影子 IT 的需求和使用。它还能帮助企业使用标准价目表或商议定价来建立与主要提供商的预部署目录。IT 管理员甚至可以自定义目录中的内容。

制定使用核准资源的激励机制——使用 IBM Cloud Brokerage 构建一个强劲的市场,其中包括来自各种公有、私有和虚拟部署选项的预封装和经审查的解决方案,实现内外部资源的自动部署,以加快交付速度。

可视化解决方案设计——按应用程序、应用层、VDC 或环境,对云资源进行分类和审查。

解决方案蓝图——设计一个解决方案（包括托管服务）并将其作为一个标准的、预定义的架构。

ITaaS 目录——公有、私有、虚拟和托管服务的集合。

实现和集成——可定制一种开放式架构，以匹配定义的服务及交付生态系统。

计费和成本管理——按 VDC、企业或应用程序查看账单和成本主控面板。

IT 账单——查看完整云服务的 IT 估算账单和实际账单。

治理——基于工作流的审批流程和与身份管理软件的集成。

其他值得注意的技术能力包括：

- 开放式架构（可扩展和开放式）
  - 提供可扩展性的 API。
  - 创建自己的行动方案，自带技术。
  - 建立自己的执行代理模式——可植入 Cloud Brokerage 中。
  - 构建自己的 IT 解决方案/服务——BOM、目录、设计等。
- 参考适配器和蓝图
  - 与 DevOps 技术进行交互，如 Chef、Puppet、Docker、Jenkins、Bamboo。
  - 使用 Docker 和 Chef 的参考蓝图——Hadoop cluster、WordPress、SharePoint。
  - 参考适配器——ServiceNow CMDB 集成，ServiceNow Ticket 集成。
- 可扩展性和可靠性
  - 群集，故障转移，无单点故障。
  - 扩展每一层，以处理大量且不断增加的事务和提供商。
- 多种部署架构模型（现场、云、提供商中立、单堆栈、群集等）
- 收集市场情报
- Cloud Brokerage 管理公有云内容和集成
  - 定价、目录内容、配置 API 集成、计费 API 集成。

IBM Cloud Brokerage 使企业能够更轻松地构建解决方案设计、合并治理策略和自动化审批流程，并提供了多种选项和一系列工具，帮助企业选择最佳的云场所，并实现非植入式管理。总的来说，Cloud Brokerage 为用户提供了单接口、高速和智能化服务，通过全面可视性和可操作性来满足不同的 IT 需求。IBM Cloud Brokerage 是一款高度自动化、可轻松调整、支持多环境编排和管理的引擎。它允许 IT 运营部门在各种环境、基础设施和提供商的情况下，编排简单或复杂的、全新或现有的应用程序。IBM Cloud Brokerage 可管理基础设施资源的实现，并部署和配置完整的应用程序堆栈和安全设置。

从另一个角度来看，Cloud Brokerage 是一款能够把 IT 运营变成创新引擎的工具。它利用用户实现快速配置所依赖的标准化设计和架构，帮助 IT 运营部门从人工、繁杂的操作模式向 IT 采购自动化、自助服务模式转变。

通过一个场景说明它的工作方式

用户在没有 IT 团队参与或未实现可视化的情况下使用 AWS，给企业带来了隐性成本。一旦实施了 IBM Cloud Brokerage，用户就可前往 IBM Cloud Brokerage 市场获取 AWS。用户访问一个综合店面，实现公有云采购，获取预打包的解决方案和内部资源。换句话说，内部资源和外部资源都可从同一门户网站获得。

当通过市场购买公有云资源时，标签被添加到 VDC 和业务部门，以便快速识别。这样就更容易将利用率与用户联系起来。

IT 团队可以轻松地设置支出预警、检查安全设置并跟踪使用情况。当使用模式突出显示问题时，IT 团队能够主动修复缺陷，为用户提供高水平的服务。

IBM Cloud Brokerage 解决方案能够自动同步主要提供商的账单。它将 IT 部门的实际费用与估算费用进行比较。如果支出超出范围，IBM Cloud Brokerage 解决方案将触发警报，并与用户一起解决问题。当情况发生时，企业可通过监控支出和识别异常的方式来控制超支风险。

通过 IBM Cloud Brokerage 解决方案，审计支出和评估风险变得如以下步骤一样简单：
- 在 VDC 层面执行发现和同步操作，以确定是否增加了导致这种开支的额外资源。
- 使用 IBM Cloud Brokerage 解决方案中的安全审计快速查看是否存在需要降低的风险。
- 如果存在安全威胁，则将资源脱机。

8.6 Cloud Brokerage 服务实现桥（SFB）总体架构

Cloud Brokerage 服务实现桥（SFB）的总体架构如图 8.3 所示。

第8章 多云代理解决方案和服务

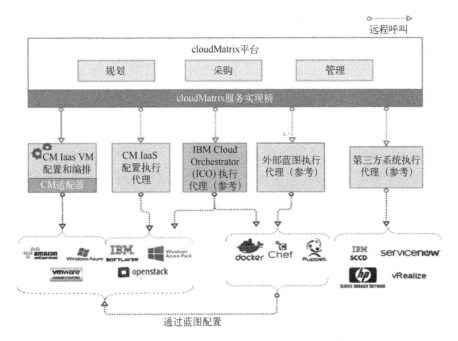

图 8.3 Cloud Brokerage 服务实现桥（SFB）总体架构

8.7 Cloud Brokerage 和 IBM Cloud Orchestrator（ICO）的集成优势

ICO 加快了对软件和基础设施的交付过程。它基于开放式标准，通过一个易于使用的界面减少了对公有云、私有云和混合云的管理步骤。ICO 允许访问现有的模式和内容包，帮助用户加速配置、准备和部署各种活动。它将计量、使用、审计、监控和容量管理等工具集成到云服务中，能够像开发和测试应用程序一样快速地投入使用。ICO 可以帮助用户完成以下工作：

- 快速部署并扩展内部和外部云服务。
- 配置并扩展云资源。
- 减少管理员工作量和容易出错的手动 IT 管理任务。
- 通过应用程序接口和工具扩展与现有环境集成在一起。
- 可以通过 IBM Bluemix、已有的 OpenStack 平台、PowerVM、IBM System Z、VMware 或 Amazon EC2 等来交付服务。

· 151 ·

Cloud Brokerage 可用作端到端目录和提供服务设计和消费（包括定价/计费）的商店，ICO 则可用于对基于 OpenStack 的私有云进行高级编排，并将基于设计图的资源配置到 IBM Bluemix 和其他支持的云中。这两者的优点可以有机结合。AWS/Azure/VCD 的配置可以使用云代理配置/编排，其他 OpenStack 私有云则可通过 ICO 完成。云代理解决方案通过服务实现总线（SFB）代理（称为"服务实现桥"）设计与 ICO 集成，该设计将 ICO 服务纳入云代理目录，并通过调用 ICO 的 SFB 代理来实现自动配置。

如果编排系统显示了它所支持的设计/编排内容，IBM Cloud Brokerage 解决方案可通过一个基于设计实现的架构与任何编排系统协同工作，并通过一个附带价格/成本和计费的服务商店将编排系统添加到云代理目录中使用。一旦按照订单审批流程订购，则可使用与云代理 SFB 集成在一起的微服务，它基于 REST 实现，可以在外部编排系统上调用自动配置。

8.8 IBM Cloud Brokerage 解决方案用例和优势

全面代理	正在进行重大IT转型或改革的客户，例如腾出数据中心，并将核心工作负载迁移到云环境中
自助IT	面向那些正在寻找一种方法将混合型IT与普通的自助服务用户体验相结合的CIO
持续交付	面向那些希望使用他们自己选择的工具实现自动化流程的开发人员、QA人员和生产操作管理员
服务市场	希望制定并管理超出IT功能范围的合同条款的采购经理和消费者——动态定价，服务等级
多云解决方案	设计包括多个服务提供商的服务在内的解决方案的架构师，包括多云IaaS、PaaS和/或SaaS
影子IT	基础设施和运营主管，希望利用自助IT的优势，同时确保企业安全和成本管理
成本管理	IT和业务财务总监，负责管理多个技术服务提供商的支出，并主动提醒支出偏差
工作负载的安置	正处于确定云策略并检查工作负载是否适合/可行性准备初始阶段的CIO/架构师

独特优势

- 评估当前应用程序的云端就绪状态和优势——客户的主要痛点。是否应将此工作负载迁移到云端？会有哪些益处？是否已准备好迁移到云端？
- 云服务成本降低 30%~40%——影子 IT 和空闲服务的查找；集中 IT 供

应链、退款、财务报表、购买能力、费用预估等。
- **在整个 IT 供应链中启用自助 ITaaS**——计划（评估、比较、设计和估算）、采购和管理 IaaS、PaaS 和 SaaS 内部和外部云服务。
- **基于策略的服务目录**——预置的 AWS、Azure 和 IBM Bluemix。可通过自定义方式，将企业希望其员工采购的云服务包含在内，使企业合规。
- **集成多个 IT**——现有环境和云环境。例如，建立混合模式，并对来自多个云提供商的 SaaS 进行整合。

8.9 行业痛点、云代理目标、适配问题

痛点

- **ITaaS 支持**：无法集成数十个所需的多源工具。无法跟踪服务的使用和交付情况。
- **规划和部署工作负载**：在制定混合型 IT 策略的同时，很难找到最佳的部署模型组合并评估迁移要求。
- **提供自助 IT**：用户追求能够自由定制的 IT（非托管的影子 IT），以获得他们需要的速度、敏捷性和自由度。需要为 LOB 提供统一的自助 IT 体验。
- **监管服务市场**：设法扩充传统的服务目录来添加公有云，然而云的动态定价模型不适用于这种目录。
- **影子 IT**：第三方云服务带来安全风险和成本管理挑战。企业希望能够根据核准的版本和安全标准实现能够自助服务的影子 IT。
- **持续交付**：DevOps 与基础设施和运营团队之间缺少 DevOps 自动化和订单交货的一体化流程。

IBM Cloud Brokerage 是最全面、最紧凑的云代理解决方案，它为所有策划并开启云发展历程的企业带来了高附加值。目标企业包括：

（1）**系统集成商（SI）和托管服务提供商（MSP）**：这些公司通常希望成为 CSP，或希望通过在线门户网站为客户提供 IT 服务。通常情况下，它们会与云提供商协商一个总额折扣，然后把折扣带给它们的客户（去掉差额），并添加它们的独特服务。这能够为它们带来数千万美元的收入。

（2）沃达丰、Telefonica（西班牙电信公司）和爱立信等**通信服务提供商希**

望成为 CSP。

（3）**跨国公司**希望集中管理和控制 IT 服务以提供 ITaaS，例如联合利华和雀巢等公司。

决策支持问题

- 该如何决定是使用 AWS、Azure、IBM Bluemix，还是使用自己的内部数据中心？
- 该如何决定使用哪个平台运行应用程序？需要花多长时间做出这一决策？
- 是否定期运行 RFP，以便及时了解这些供应商的定价趋势和 SLA 变化？
- 可能会有这样一种情况，价格最低与第二低的供应商的价格相差25%。如果成本降低 25%，会给业务带来哪些好处呢？
- 企业是否就应用程序的开发和基础设施团队项目制定了流程？
- 如何设计/核准应用程序架构？企业是否设有管理这些流程的 PMO？
- 目前怎样管理 ITaaS 提供商？是否已经有一个明确的 IT 服务目录？如果有，多久更新一次？
- 是否对团队获准对外发布并自行配置设有门槛（1000 美元/月，100 万美元/月）？
- 是否出于对合规性的考虑而实施了"无云"策略？或考虑到 IT 团队的压力而实施了"如果你想要云，你自行解决"的策略？影子 IT 是个问题吗？
- 如今，公有云在 IT 行业中的使用率是多少？
- IBM Cloud Brokerage 能否提供一个自助服务架构，使用户将 IT 作为一项服务使用？
- IBM Cloud Brokerage 能否提供多种动态的、由消费拉动的 IT 资源？
- IBM Cloud Brokerage 能否迅速推动从主要的资本支出向资本支出+运营成本的转变？
- IBM Cloud Brokerage 能否通过协调内部和外部提供商来实现订单的自动化执行？
- IBM Cloud Brokerage 能否帮助 IT 部门过渡到混合型 IT（而不仅仅是混合云）？

独特的价值主张

（1）**减少影子 IT**——终端用户可在企业的合规框架内灵活选择。

（2）通过在单一控制界面上整合所有云服务的费用，CIO 可以**快速做出财**

务决策。

（3）根据性能可见性，与云提供商**协商更好的条款和条件**。

（4）在选择服务时，**须遵守企业政策**——基于成本、位置、工作负载或性能要求。

（5）传统服务和云 IT 服务的**综合服务管理**——支持 VDC。

8.10　IBM Cloud Brokerage 案例研究

案例研究 1

当一家行业领先的《财富》500 强营养、健康和保健公司需要从两个报废的数据中心迁移应用程序时，它们利用这个机会评估了如何通过 IT 提高竞争力。该企业发现，转向混合型 IT 模式（私有云、公有云和有形资产的混合）有助于它们解决阻碍提升竞争力的问题。

需求——现有的两个全球数据中心正在关闭，因此，需要为 250 多个业务应用程序的工作负载（包括关键任务的事务系统）寻找新的托管环境。企业还需要通过 IT 来提高它们的业务竞争力。

问题领域

- **持续增加费用**——在物理数据中心环境（特别是跨越政治和地理边界）中运营、维护和扩展应用服务的费用将持续增加。
- **速度**——对于内部和技术部门提出的服务请求，平均需要 4~6 周的时间进行审查和批准，缺乏灵活性，这往往会使业务部门感到沮丧。
- **缺乏自动化**——处理应用服务请求需要太多的手动步骤，而所需的技能组合使这种情况进一步加剧。
- **成本分摊准确率**——在不考虑使用状况的情况下，向业务部门收取一定比例的 IT 费用。
- **资本支出**——建立和部署新的数据中心需要大量的前期成本。

解决方案——该企业采取了一种长期的战略方法，采用了一种混合型 IT 模式，其中包括实施一个由顶级系统集成商管理的 IBM Cloud Brokerage。

解决方案组件软件——IBM Cloud Brokerage。

IBM Cloud Brokerage 提供以下服务：

- 业界领先的云基础设施提供商的备选目录，即开即用，无须定制集成的开销。

- 一个市场,消费者在这里可以选择并比较提供商的服务,或添加他们自己 IT 部门批准的用于采购和配置的服务。消费者可使用一个通用的工作流,以及按分钟(而非按周)执行的审批流程。
- 准确度和成本分配的报告与监控,包括多个提供商的合并账单估算值、实际值和使用预测。
- 使用一个包含同步和发现功能的可视化设计工具,将资产(VM)拉入单一的架构视图和管理标准。
- 通过 API 框架与服务管理和标签系统集成在一起。

优势——快速转向混合型 IT 交付模式,该公司通过向其业务部门提供自助 IT 服务来提高其速度和敏捷性;从第一天开始就创建了成本和使用透明度,并通过建立 IT 服务交付模式来增强其竞争力。

案例研究 2

一个致力于向全球范围内的法律、税务、金融、医疗保健机构提供价值服务的百年跨国企业正在经历一场变革。它们的价值体现在将信息、深厚的专业知识和技术相结合,为客户提供能够提高质量和效率的解决方案。

需求——企业需要重新控制它们的 IT 服务供应链,以便为客户提供独立于供应商的一站式消费体验,并通过技术创新提供更大的价值。

预期目标为:

- 重新控制 IT 服务供应并创建有效机制,使它们能够独立于现有供应商。
- 为用户提供一站式服务,以满足其所有 IT 服务需求。
- 在不依赖供应商的情况下,为消费者提供无所不在的消费体验。
- 启用市场管理技术,使共享服务能够从市场动态、消费模式中学习,并为新的消费开发和发布解决方案模式。
- 降低成本和改善低效率。

解决方案——企业领导层选择采用 IBM® Cloud Brokerage 云服务代理技术平台,使其通过共享服务成为云服务代理。

解决方案组件软件——IBM Cloud Brokerage

IBM Cloud Brokerage 提供以下服务:

(1)领先的云基础设施提供商的备选目录。

(2)一个供消费者搜索、比较、选择和获取提供商服务的市场,以及由全球商业服务集团提供的通用工作审批流程。

(3)一个供全球商业服务集团使用的市场,这些集团可添加自己 IT 团队核准的服务，以便消费者购买这些服务，同时收集消费模式并为新消费者开发和发布新解决方案提供支撑。

（4）准确度和成本分配的报告与监控，包括多个提供商的合并账单估算值、实际值和使用预测。

（5）包含同步和发现功能的可视化设计工具，将资产（VM）拉入统一的架构视图和管理标准。

优势——快速转向混合型 IT 交付模式，该企业通过向其业务部门提供自助 IT 服务来提升速度和敏捷性；从开始就创建了成本和使用透明度；建立了一个长期的 IT 服务交付模式，并使用 IT 团队核准的资源。

案例研究 3

一家在美洲生产长钢的领军企业，也是全球特殊长钢的主要供应商之一。一个多世纪以前，它开始了扩张之路，如今其业务已遍及全球 14 个国家：阿根廷、巴西、加拿大、智利、哥伦比亚、多米尼加共和国、危地马拉、印度、墨西哥、秘鲁、西班牙、美国、乌拉圭和委内瑞拉。它必须把重点放在降低成本和增加灵活性（在数字环境下思考）。

类型	Gerdau 要求
公有云服务提供商（现有的/计划中的）	AWS 和 IBM Bluemix（现有的） Azure（计划中的）
私有云（现有的/计划中的）	VMware 现有场地 基于 vRealize 的私有云（计划中的）
身份管理	基于 MS 活动目录的 Gerdau IDM 服务（用于用户验证）
服务管理	ISM Maximo 工具
审批管理	Cloud Brokerage
CMDB	ISM Maximo 工具
财务管理/计费	每月从 CSP 提取有关计量和计费的信息 Cloud Brokerage 标准计费报告 向 GTS 财务管理团队提供代理的消费报告；使用标记提供报告

因此，企业需要使用一个单独平台来统一内部云服务的规划、使用、交付和管理。

- 云服务应包括当前传统环境下的所有主要供应商。
- 通过编排不同云域和 CSP 的云资源及服务来集成云服务，并通过 SLA 向消费者提供有保障的云服务。其云服务集成架构如图 8.4 所示。

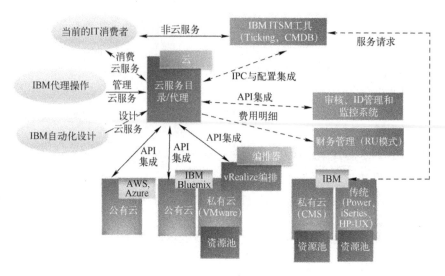

图 8.4 案例 3 的企业云服务集成架构

8.11 需要整合的功能

路线图功能	说 明
OpenStack 支持	Cloud Brokerage 与 OpenStack IaaS 的本地集成用于： 1. 消费（目录和定价信息） 2. 自动配置 3. 资产同步与发现 4. 计费不包括在内，OpenStack 是一个私有云组件 另外，OpenStack 支持也可通过 IBM 编排器实现
IBM 智能云控制台（SCCD）集成	与 IBM 的服务台/计费系统集成——SCCD
全球化	分阶段支持单字节/双字节语言转换、日期/时间转换和货币转换
新的成本分析工具	面向 IT 和业务财务总监的新功能，旨在管理多个技术服务提供商的支出，根据政策和优先顺序来确定并优化支出，并对支出偏差主动发出预警。通过将成本分析结果链接到现有/增强的报告，将报告集成和增强功能包括在内。在适当的系统内将运营成本转化为资本支出
目录提供商管理加强	附加的自动化功能，使外部服务提供商的服务更快地上线，包括批量上传和增强的用户界面
ServiceNow 集成	与流行的第三方服务台产品结合使用
持续交付：自带工具	面向那些希望使用自己工具实现通用、自动化流程的开发人员、QA 人员、生产操作管理员。允许用户"自带工具"，但不允许在整个企业范围内进行大规模控制和管理。简化了现有客户端工具的"购买"体验，例如 Docker、Chef 和 Puppet

续表

路线图功能	说　明
增强的服务市场	增加了现有商店的订购功能，使用户能够直接从云代理商店下单和配置 VM
IBM Bluemix 集成	集成到 IBM 的 PaaS（Bluemix）
增强的应用程序筛选功能	新一代（2.0 版）应用程序筛选工具提供了附加的应用程序模式、报告导出，增强了筛选问题/权重自定义的可用性，以及增强了用户界面
增强了提供商比较	新一代（2.0 版）云提供商比较工具提供了用于快速比较和报告导出的附加应用程序模板，支持商业案例开发，并增强了用户界面 为 IBM Bluemix 增加额外的比较信息
增强的提供商账户共享功能	订阅管理功能的扩展。允许用户在不同的云代理组（例如业务部门）之间"共享"服务提供商的账户信息（独占与共享功能的比较）（仅限 MS Azure）
IBM Cloud orchestrator 集成	与 IBM 云编排系统集成，特别是为现有客户提供的全方位 IBM Bluemix 和 OpenStack 支持，包括用于云代理蓝图的工作流编排
增强的 IBM Bluemix 支持	Cloud Brokerage 与 IBM Bluemix IaaS 的本地集成用于： 1. 自动配置 2. 计费信息 3. 资产同步与发现
增强的整合中心	新一代整合中心（称为 Services Fulfillment Bridge 2.0）能够实现以下功能： 1. 通过 SFB 配置 VM 2. 提供给服务提供商/由服务提供商提供的同步和配置标签 3. 通过 SFB 实现资产同步与发现 4. 增强代理管理（触发/忘记、轮询、回调、自定义操作）
增强的资源配置功能	使用户（特别是履约用户）能够定义其他配置信息（如引导脚本），以便在 VM 配置过程启动顺序之前、之后和期间执行
增强的 Azure 支持（ARM）——MS-Azure 私有云	云代理与 MS Azure ARM 2.0-IaaS 的本地集成（例如，Azure 私有云），用于： 1. 消费（目录和定价信息） 2. 自动配置 3. 计费信息 4. 资产同步与发现
增强的应用程序筛选功能	新一代（2.0 版）应用程序筛选工具提供了附加的应用程序模式、报告导出，增加了筛选问题/权重自定义的可用性，以及增强了用户界面
增强了提供商比较	新一代（2.0 版）云提供商比较工具提供了用于快速比较和报告导出的附加应用程序模板，以支持商业案例开发，并增强了用户界面 为 IBM Bluemix 增加额外的比较信息

8.12　其他云代理解决方案和服务

Jamcracker——Jamcracker 平台是一个全面的云服务代理、云管理和治理平台，包括风险和策略合规管理、支出管理和运营管理。Jamcracker 使企业能够创建、交付和管理多云服务,并实现支持云的业务模型,以提供、交付、支持云服务,并为云服务计费。该平台通过一个多层次、多租户架构、RESTful API 和集成架构提供全局的灵活性和可扩展性,同时支持多种货币和语言。Jamcracker 允许服务提供商、技术提供商、系统集成商、IT 分销商和企业/政府 IT 部门统一交付和管理私有云和公有云应用程序/服务,并通过面向客户的自助服务/应用商店将它们分发给客户、合作伙伴和员工。

对于多云和混合云服务环境,Jamcracker 加大了对 IaaS CMP 功能的全面支持。因此,Jamcracker 统一了 SaaS、PaaS 和 IaaS 的云服务管理需求,为所有类型的云服务提供了一个完整的云服务支持解决方案。

随着企业组织将传统的 IT 转变为基于云的 ITaaS 模式,IT 企业迫切需要集成众多云服务管理功能,如集成、上线、目录、自助服务实现、访问管理、计费、开票、结算、SLA 监控、报告及服务分析等。在管理各类云服务时,提供一个单一管理平台和一致的用户体验对提高 IT 效率非常重要。在客户需求的推动下,Jamcracker 平台已经从一个云代理发展成为一个完整的云服务生命周期管理系统。Jamcracker 平台通过向现有的云代理平台添加以下关键的 CMP 功能来解决这些问题。

访问管理
- 多层次的市场。
- 自助门户网站。
- 多租户和用户管理。
- 身份平台集成。
- 治理(RBAC、预算、审批工作流)。

服务管理
- 服务目录。
- 服务上线。
- 使用分析。
- 财务管理。
- 跨公有和私有 CSP 的计算、网络和存储。
- 图像管理、VPC、容量和快照支持。

服务优化
- 成本控制。
- 策略控制。
- 多云、云间支持。

- AppStack 编排系统。

Cognizant Cloud Integration Brokerage（CCIB）是一个一体化解决方案，提供 B2B 平台即服务和云端内在扩展的云上基础设施。它附带一个预配置的 B2B 软件，该软件具有多租户功能，并提供一个打包在一起的托管服务团队。这有助于客户充分利用服务提供商的优势，获得与企业共同成长的可扩展性、可定制解决方案和服务的灵活性，满足企业的业务需求。

8.13 结论

随着技术环境的不断变化，企业 IT 团队的角色也在不断演进。CSP 通过提供可扩展的、按需的服务，为 IT 采购创建了一种新型、灵活的模式。随着云的广泛应用，给企业 IT 部门带来了挑战，因为云服务并不总是被认可或受监管的。选择正确的云服务来满足一些业务和技术方面的重要需求是一个非常艰难的任务，特别是对于从多个 IT 提供商采购服务的企业来说，情况更是如此。手动比较服务和提供商是一项烦琐且容易出错的任务，这往往使 IT 人员不得不无的放矢。为了解哪些服务最符合业务目标，哪些服务在位置、成本、可靠性、安全性等方面能够提供最大价值等信息，企业需要准确地比较服务成本、容量需求等指标。云服务代理解决方案可以非常轻松、准确地解决这些问题。

第 9 章

自动化的多云操作和容器编排

9.1 绪论

目前，IT 企业将云视为满足其不断变化业务需求的最主要推手。IT 优化和组织正在通过云技术和工具得以实现。随着 IT 预算逐年减少，IT 专家所面临的问题是如何利用更少的资源完成更多的事情，因此，技术支持的优化解决方案越来越重要。随着企业对 IT 团队的不断施压，云概念应运而生，并给企业带来变革。各业务部门（LOB）需要获得集中式 IT 无法提供给它们的特殊支持。IT 预算主要用于 IT 运营，在开发新的业务功能方面，IT 预算分配不足。这种情况促使并推动 IT 专家寻找更加有效方法和途径来降低 IT 运营成本。为了实现极致简洁的 IT 优化，不仅需要引入自动化，还会涉及复杂的工作编排。为了实现一个精益、环保、清洁的 IT 环境，目前正在设计实施包括 IT 简化、合理化、整合、集中化、联合化、分隔（虚拟化和容器化）、基于策略的操作及其他可持续和有效的措施。

企业设有多个部门，分别负责销售自动化（SFA）、客户关系管理、市场营销和供应链管理等业务。LOB 需要启用和改进这些操作的自动化能力，以便在竞争日益激烈的市场中保持竞争力。LOB 只能使用自己的预算来解决这个问题，一般选择通过各种软件即服务（SaaS）的产品来达到目标。此外，他们还与集成平台即服务（iPaaS）提供商接洽，将所选的 SaaS 产品与它们内部数据源连接起来。这通常称为影子 IT，这种临时外包模式加快了向多云环境发展的趋势。

IT企业还无意中为多云基础设施创造了环境。它们开始启用IaaS提供商的计算和存储服务，并探索PaaS产品，以加快基于云的软件开发和测试。与传统IT基础设施相比，在一个成熟的云中心中配置服务器和其他基础设施十分容易和快速。

9.2 云自动化与编排简介

传统的IT管理员使用一系列连续的脚本来执行任务（例如，软件安装或配置）。编排不同于自动化，因为它不完全依赖静态的连续脚本，而是相当复杂的工作流。编排和自动化市场已经从单纯的任务自动化（使用简单的虚拟化管理工具执行）发展到流程和工作流自动化（越来越多地通过编排器来实现）。如果需要创建的VM并不处于应用就绪的状态，就需要实现工作负载的自动化。即使有了编排器，企业也需要与服务管理工具集成。目前有很多零碎的解决方案，但企业需要一个端到端、高度同步、整体编排和自动化的解决方案，以实现下列目标：

- 帮助实现基础设施、应用程序和自定义IT服务的自动交付。
- 支持服务管理功能的直接集成。
- 在内部和外部云环境下部署应用程序工作负载。
- 提供基于策略的管理和逻辑应用程序建模，以确保在多个提供商或多云环境中为每项运行的任务所提供的服务都能够以合适的规模和服务等级交付。
- 包括构建、部署和交付、支持编排服务和自动化服务。
- 使用认知功能实现智能编排和智能自动化。

> **自动化与编排的对比**——自动化旨在实现单一任务的自动化，例如启动一个网络服务器，配置一个网络服务器，或停止一项服务等。另外，编排涉及将多个自动化任务一起自动化。通常，一个流程包含多个任务和系统。流程中的任务需要按顺序执行才能产生结果。也就是说，流程从适当的工作流表示开始，以工作流执行结束，因此，流程或工作流的执行可简单地称为编排。如上所述，在云环境中，多个作业为了完成业务或操作流程，需要以一种有偏好的方式执行。可编排的领域已成为云范式存在与发展的基础。简而

> 言之，自动化和编排是云概念成为有效的 IT 优化和组织机制的两大要素。
>
> 　　实际上，云编排是一件更为复杂的事情。自动化通常专注于单一任务，而编排涉及端到端流程，包括所有相关服务的管理、处理高可用性（HA）、后期工作、故障恢复、扩展等。自动化通常在特定任务环境中讨论，而编排是指流程和工作流的自动化。简单来说，编排*使自动化成为现实*——具体地，是指任务在特定设备上发生的顺序，特别是任务间存在各种依赖关系的时候。

　　因此，流程的编排（正式表示为工作流）是云计算的重要组成部分。若离开编排，云服务的价值就无法体现，云计算的许多优点和特性就无法发挥。如果未能实现全部流程自动化，将导致人力成本增加、向客户提供新服务的时间变慢的后果，最终导致成本增加、可靠性下降。

9.3　设定背景

　　随着越来越多的企业采用并适应云服务，市场上出现了许多具有不同特性和价格的云服务。专家认为，规则是有效缓和云发展膨胀所带来复杂性的关键，因此，基于规则的云策略应运而生。企业开始制定策略，以明确某些工作负载（应用程序、数据库、存储库等）在不同的环境（如公有云、私有云和混合云）下部署的具体安排。大多数策略都基于与每个工作负载相关的指标或风险。高价值/高风险的工作负载可能需要在私有云上运行，而面向客户和网络级的应用程序则需要在公有云上运行。当每个工作负载迁移到其最佳运行环境时，不可避免地会出现多云的场景。

　　某些工作负载需要使用混合云策略。跨不同云环境和分布式云环境的流程/应用程序/服务编排受到重视。一些集成服务和工具允许公有云应用程序连接到私有云上，并获取高度安全的数据。这样，企业开始接受混合云的概念来使它们的顾客、客户和消费者受益。工作负载通过 API 调用、消息队列和代理、企业服务总线等实现在异构云环境中的交互操作。将生产级应用程序划分为一组动态的微服务，这些微服务被分配在许多云环境中，因此，混合 IT（尤其是混合云）开始进入蓬勃发展的时期。大数据和大规模的应用处理是使用分布式计算模型的必要条件。

　　混合云管理工具可用于实现混合云的设置和支持。图9.1显示了管理一个混合云环境所涉及的复杂性。

第 9 章 自动化的多云操作和容器编排

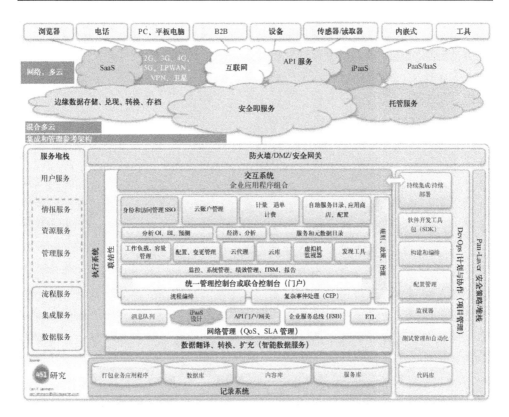

图 9.1 混合云的参考架构

9.4 多云环境的出现

企业越来越倾向于通过多云策略来实现其运营、产品和交付等方面的高度安全性。采用多云策略还有其他益处。市场研究和分析机构表示，目前 3/4 的公司已将其软件应用程序部署到不止一个云上。企业 IT 团队必须具备必要的技能，才能快速、安全地构建并管理多云环境。在监视、测量、管理和维护多云环境时，需要确保 QoS 属性。功能强大的管理平台可以灵活、敏捷和准确地管理统一的云环境。但在管理多个且不同的云环境时，传统的云管理平台存在诸多不足，无法满足需求。因此，云领域的产品供应商已经推出了多云管理解决方案和服务。

多云管理解决方案支持多云环境的自动部署与管理。与此同时，它为开发人员提供了一种快速、安全创建应用程序的简便方法。多云管理解决方案通常提供自动配置功能和工作流管理。它们还可以加速部署应用程序，自动执行手动或脚本任务，请求、修改或部署标准化的云服务。通常来说，利用配置管理等自动化工具，有助于在各种云平台上执行这些任务。在云领域中，有几种自动化工具可实现与云相关任务的自动化。

据估计，到 2020 年，约 85%的业务工作负载将在云环境中运行，全球企业正在加快采用云技术。从单一云开始，现今的商业机构和企业越来越趋向于多云环境。一些商业巨头已拥有多种工具来管理自己的内部私有云和外部公有云环境。在采用新的技术和工具时，零敲碎打的零散部署方式比较常见，但这不足以给企业带来预期的效果。总之，自动化一直是云技术取得巨大成功的基石。目前，市场上有很多全方位支持云概念的自动化工具。

图9.2形象地说明了多云环境是如何形成和运行的。企业有多个公有云，同时还有一些私有云和传统IT环境。此外，正在酝酿的计划是如何将私有云与公有云结合使用。市场上有大量的云连接器、适配器、代理和其他中间件解决方案，提供在多个地理上分布的云环境之间建立和维持某种联系。每个云都配有多个有效接口来连接到其他云环境。

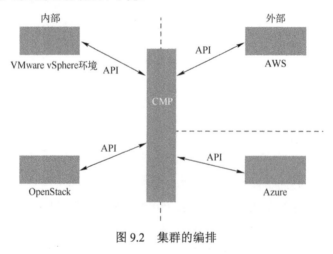

图 9.2　集群的编排

9.5　面向多云环境的新一代 DevOps 解决方案

在云计算领域，正在发生一些令人欢欣鼓舞的趋势和转变。DevOps 概念广受关注，这是一种在多云环境中构建和部署应用程序的方法，其发展前景乐观。DevOps 领域的强大工具加快了软件应用程序在不同云环境和分布式云环境中的持续集成、部署和交付。需要考虑到多云应用部署的企业都在推行新 DevOps 战略。需要利用 DevOps 工具将应用程序代码快速、可靠地部署到私有云、公有云和混合云。在多云时代，有几个问题需要识别和解决。

- 目前主要有基于云的应用程序和本地应用程序两大类。此外，企业正在利用多云环境来托管并运行各种软件包。新一代的、灵活的 DevOps 工具需要能够挖掘并利用云原生应用的各种优势，为企业带来最初设想的云计算优势。
- 云平台和基础设施正在经历几次具有创新性、变革性和颠覆性的转变。因此，DevOps 工具需要在没有人为干预的情况下动态调整来适应这些变化。
- 最后，安全和管理必须是流程的一部分。需要在工具、应用程序和目标云平台中考虑到日志、标记和其他云管理的因素。

因此，需要相应地增强 DevOps 流程和工具，以促进多云的部署与交付。

实现多云部署的特定平台测试——在多云部署中使用了相同的代码集（通常与数据耦合），需要在准备阶段将其标记为目标平台。之后，应用程序会在特定平台中实现测试，流程如图9.3 所示。这个工具和流程将检查应用程序在使用云平台的一些原生功能时可能出现的问题。例如，不同云之间的配置不同，测试引擎可用于查找配置问题，还将会查找其他导致应用程序无法在目标平台上运行或很可能导致性能不佳的问题。

图 9.3　多云环境下的 DevOps 流程

一个有效的系统应该能够自动纠正一些关键问题，如不能自动完成也应将问题返回给开发人员进行手动纠正。完成之后，应用程序需要再次执行特定平台的测试步骤。

多云部署的监控与治理——一旦解决了所有特定平台测试问题，应用程序将进入下个步骤"部署到生产"。在这个自动化过程中,应用程序被打包并部署到每个目标云平台。这意味着,将其放置在私有云或公有云中的一个机器实例上,然后进入一个"持续运行"的流程中,包括以下几个组件。

- 监控。
- 管理。
- 资源管理(CMP)。
- 服务管理/服务目录。
- 安全性(IAM)。

正确使用这些组件对于多云 DevOps 自动化解决方案的成功至关重要。一旦投入生产,向终端用户有效提供应用程序和数据服务的能力是非常重要的。

监控是指在执行期间监测应用程序的能力。在这个过程中,会重点监控性能和稳定性,还会为子系统设置阈值。如果读数超过这些阈值,DevOps 系统就会发出警报。

管理是指管理应用程序的能力,或根据对监测数据的解释而采取措施的能力。包括使用云管理平台(CMP)进行资源管理,以及对所有主要应用程序组件和子系统的全面管理,包括安全性和管理。

资源管理使用 CMP 或其他类似工具,通过统一控制台来管理多个云的应用程序和资源,将那些需要在目标平台上管理云应用程序的员工解放出来。方法允许对用户策略进行设置,该策略会越过应用程序部署在其所在的云上。这些策略还应与云的应用安全和治理功能协同工作。

服务管理是指根据 API 及服务的使用情况(甚至是云之间服务的使用情况)而制定策略的能力。这意味着,可以在任何云中创建公共服务,并让在云上运行的任何应用程序都能利用这些服务。使用**"服务目录"**跟踪这些服务,不论是基础设施服务,还是应用级服务。

安全性——在多云模型中,我们不希望部署和管理太多不同的安全服务,因为这会增加应用程序部署的复杂性和成本。云管理员通常通过标识和访问管理(IAM)来跟踪应用程序、资源、服务、数据、人员等,并制定它们的访问和身份验证策略与规则。

因此,现今迫切需要使用 DevOps 技术和工具来促进多云应用程序的集成、部署和交付。

目前有许多网络级的应用程序,如社交网站和专业站点、电子商务、电子拍卖和电子商务系统等,这些都设计为跨多个云环境分布。这样即使一个云中心突然出现问题也不应对其他云造成严重伤害。这自然成为我们推荐的一种云服务使用方式。目前有数据中心和容灾云中心，如果出现电力中断，可通过这种方法避免数据丢失。支持云的业务连续性目标正在通过多云策略实现。云应用程序生成大量数据，这些数据通过获取、清理和处理等步骤后，可以提取出有价值的情报。新一代企业更倾向于使用多云模式。这样，数据存储在一个或多个云上，应用程序及其组件在其他云中进行托管并运行，而数据分析可以在另一个不同的云中启用等。

企业同时还在寻求不同的方法来避免数据丢失和停机，更好地支持不同的应用程序，更有弹性地支持各类应用、客户管理和数据分析。这都是多云计算可以帮助解决的问题，它可以通过配置、管理和监控多个云的工作负载，来达到这些目标。

9.6 多云：机会与可能性

当 IaaS 云计算刚起步时，为了支持多层应用程序，将 CPU、内存、OS、存储、中间件解决方案、网络和数据库等通过人工的方式拼凑在一起，只是漫长过程的一部分。对于许多刚接触云的人来说，灵活性和可扩展性的优势比部署和管理的简便性更为重要，并没有太多人真正关心简化和加快部署及交付流程，但现在这种情况却发生巨大改变。我们可以在全球拥有企业级的 IaaS 和 PaaS 云环境，云应用的规模和复杂性也在不断增加。因此，实现云服务用户的云基础设施管理成为云 IT 团队面临的巨大挑战。这正是云编排概念兴起的原因。一些主要产品供应商开发编排工具，支持云 IT、管理员和操作员在快速配置的云基础设施中安装并运行软件应用程序。云编排工具增强了对云资源和流程的可见性，结合所有可能获得的云资源，提供能够链接企业所需的各种服务并对其进行自动化配置的机制。云编排及其工具具有以下优点：

- 在云中心出现故障和灾难时，将通过持续服务**实现容灾能力**。
- 为移动用户、分支机构和骨干云中心提供**任何时间、任何地点、任何网络、任何设备、任何应用程序和内容访问**的低延时保证。
- 实现企业供应商/合作伙伴/客户生态系统**业务流程的集成与自动化**。
- **维护数据所有权**，并满足多个司法管辖区的**数据隐私要求**。
- **提供操作的灵活性**，以便在财务、工作负载平衡、维护或便利性达到最佳状况的条件下运行工作负载。公司可通过一系列服务实现公有云、私有云和混合云的部署。
- **减少支出**——通过不同的云提供商提供的具有竞争力的价格和服务，实现公司的最佳成本支出。
- **增强 IT 自治**——公司避免将所有 IT 工作负载放在一个云提供商处。
- **通过定制来提高 IT 性能**——定制功能利用多个云供应商的最佳能力。
- **硬件多样性**——依赖多个位置和多个提供商，显著减少降低 QoS 的机会。

9.7 多云部署模型

云部署模型正在稳步推进。随着支持分布式计算的混合云和多云模式逐渐流行，出现了一些新的云部署方案来满足不断变化的业务需求。还有其他一些常见的部署模式，包括让多个云中心处于不同的状态：主-备模式或双主动模式。如今，企业都希望采用先进的双主动模式来降低成本、复杂性和管理的投入。以下是对多云部署场景范围的描述。

多云部署场景
- 冷备份。
- 温备份。
- 热备份。
- 带有只读副本的热备份。
- 双主动模式：分区数据和访问。
- 双主动模式：事务一致性。
- 双主动模式：冲突解决。

所有工作负载和业务需求都不相同，因此，必须找到适宜的云环境来运行特定的工作负载，以实现最佳性能和最低成本。其他需要考虑的因素还包括特定供应商、网络延迟等。

9.8 管理多云环境的挑战

各国企业在了解战术和战略利益后，都在考虑采取多云的方式。然而，在通往多云的道路上仍存在不小的挑战。云环境终结了数据被封锁的局面，数据通过智能的方式被展现，这也加快了云的发展，然而，由于云服务和资源提供商有不同的访问接口，核心云平台各不相同，获取和激活运行时间（裸机服务器、VM 和容器）的过程存在差异，应用程序附加存储的方法和方式也有所不同。因此，不同云的集成和编排面临业务、技术和用户等方面都存在诸多挑战。

技术挑战

- **API**——每个云提供商都提供了不同的 API 来访问不同的云服务，因此，任何统一的集成模型或自动化的基础设施都无法发挥作用。
- **行为**——一些常见的行为及特定情况的处理，不同云的行为方式各不相同。例如，一些云在服务器或实例启动时会自动配置存储，而其他云则不具备这项功能。
- **资源规模和类型**——每个云提供商提供不同规模和类型的计算、存储和网络资源，因此，IT 团队必须谨慎地为其工作负载配置所需的最佳资源。
- **OS 映像**——每个云提供商都提供一组特有的 OS 映像。这使在其他云中使用相同映像来运行工作负载变得困难。
- **虚拟机监视器**——每个云提供商都采用不同的（有时是专有的）虚拟机监视器选项。
- **应用程序栈**——有些云提供商提供常见的和预先配置的应用程序栈（如 LAMP、Java 或 .NET）。
- **附加服务与功能**——每个云提供商都提供额外的附加服务和专有功能，而不仅仅是常见的计算、网络和存储资源。这些附加服务和功能可能包括负荷均衡、应用程序服务器、分析工具或数据库等。
- **安全功能**——访问控制能力因云提供商不同存在差异。如果不同的提供商需要不同的密码复杂度或身份认证措施，这将使操作变得更加复杂。
- **网络功能**——每个云都采用不同方式来定义子网、安全组和网络网关，从而增加了网络规划的难度。

运营挑战

- **测试**——如要将应用程序部署到多个云，则需要对平台进行测试，这需要对多个云平台进行独立的自动化测试。
- **工具多样性**——DevOps 工具必须跟上平台的快速变化。

- **使用安全与管理**——公司必须检查每个CSP是否完全遵守安全规章制度。
- **管理跨多个云堆栈的应用程序和基础设施**——因为云平台没有共享一个通用API会使管理跨多个云堆栈的应用程序和基础设施变得复杂，所以导致出现不同的服务定义和计费模型。
- **技术支持和专业知识**——需要额外的管理工作和研究来确定选择的提供商及服务是否兼容。

商业挑战
- **云代理**——这是一个用于选择合适的CSP的软件解决方案。当使用多个云时，拥有云代理是一项额外的投入（资本和运营）。
- **计费和定价**——所有云提供商都为具有不同QoS属性的服务提供不同的定价模型。对于那些使用多个云的企业而言，多重计费和定价无疑是一个挑战。必须采用单独的包含所有云服务费用的清单。
- **技能组合与培训**——CSP正在使用不同的技术和工具。因此，如果企业中缺少有关云的培训、经验和专业知识，则可能导致工作负载中断，并增加成本/工作量。
- **计划与执行**——很难选择与公司的业务需求、定价、治理和团队专长相匹配的服务。

9.9　多云编排器的作用是什么？

　　云编排是指对自动化任务的安排与协调，从而形成一个统一的流程或工作流。许多IT运营机构将自动化用于专门目的，结果造成运营敏捷性低，构建了成本很高的自动化孤岛。云编排提供了一种系统化方法，可以最大限度地提高自动化带来的敏捷性优势，并降低成本。云编排允许企业编排不同领域、系统和团队的流程，加快交付新的创新、应用程序和混合基础设施的过程。此外，IT通过统一的门户和基于云的IT服务模型，实现了全栈的自动化和监控。这不仅改善了客户体验，还实现了无误差交付及整个流程的合规性。

　　云编排是在云环境中实现端到端自动化的服务部署。它是对复杂的服务器系统、网络解决方案、存储设备和阵列、中间件及服务的自动化安排、协调和管理。它用于管理云基础设施，为客户提供并分配所需的云资源，例如，创建

VM 和容器、分配存储容量、管理网络资源等，以及授予云软件的访问权限。通过使用适当的编排方法，用户可在服务器或任何云平台上部署并开始使用服务。云编排有三个方面。

- **资源编排**，其中包括确定并分配资源。
- **工作负载编排**，其中包括在资源之间共享工作负载。
- **服务编排**，其中包括在服务器上或云环境中部署服务。

图9.4 说明了云编排如何在所有类型的云（公有云、私有云和混合云）中自动化地实现服务。

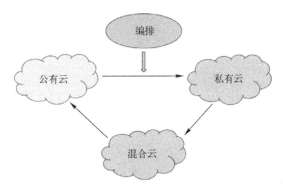

图 9.4　云编排在形成多云环境中发挥的作用

无论上面列举的挑战是什么，有了多云编排工具，多云环境正在日趋成熟，这些工具是应对上述挑战的理想方式。这些编排工具有一项固有的能力，就是能使多个云提供商看成一个单独的提供商。它们可确保在一个配置模型中配置所有的云依赖项。通过使用这些工具，公司能够自动部署并管理多云环境。这个领域的一些主要公司有 RightScale、Cloudify、VMware vRealize Orchestrator 和 IBM Cloud Orchestrator，它们提供了一套多云环境中的标准接口和功能。这些多云管理平台具有以下独特功能：

- 应用程序从设计到过渡，再到部署的**规划与执行**。
- 以一种自动化方式**安装并配置**基础设施包和服务。
- 应用环境的**配置**。
- **部署**计划与执行。
- **成本管理**——此功能建议使用性价比高的云服务和一个单独的主控面板跟踪与不同云服务相关的成本。
- **监控**整个应用程序栈。

- 负责查看、创建和执行环境相关活动的人员的**安全与管理**。
- **设计模板**可以很容易地重用，以创建一个新的环境。
- **报告**——它们能够提供一份由企业在多云环境中使用实例的综合报告。

多云编排工具有助于解决设置、配置和部署多云环境方面的挑战，以及通过单一自助服务接口集成服务管理。为了满足多云设置、自动化、管理、安全性、同步和操作各方面的要求，编排软件解决方案中需要实现额外的功能。工作流的执行能力是一项关键要求。仍需要实现具有洞察力、可集成、多功能和先进的多云编排工具，在不同的云提供商之间构建一个更加安全、更容易设置的标准化工作流，以应对多云计算时代带来的挑战。

9.10　多云代理、管理和编排解决方案

我们在另一章中详细讨论了云代理解决方案和服务。对于新兴的多云时代，越来越需要功能强大的云代理。除了代理之外，还需要各种基于消息队列和代理形式的中间件解决方案，以实现在不同云中的数据集成。同样，需要云端整合方案、连接器、驱动器、适配器等，来满足应用程序和流程集成的需要。分布在云环境中的云服务需要按需集成，以生成复合性更好、具有业务感知能力、以流程为中心的企业级或生产级的云应用程序。

9.11　领先的云编排工具

Chef 是一个功能强大的自动化平台，它可以将复杂的基础设施转换为服务器和服务都能使用的代码，它可以实现跨网络应用程序的自动配置、部署和管理。Chef 通过一步步的菜单界面来配置每个节点。配置菜单由多个配置项组成，配置项是使用 Ruby 语言编写的特定服务的自动化脚本。**Chef 客户端**是个代理，在节点上运行，执行配置任务。Chef 可管理一切能够在 Chef 客户端上运行的东西，比如物理机器、VM、容器或基于云的实例。**Chef 服务器**是所有配置数据的中央仓库。

Chef 客户端和 Chef 服务器都使用公钥与私钥的组合，以一种安全的方式进行通信，从而确保 Chef 服务器只响应 Chef 客户端发出的请求。还可选择安

装一个名为 **Chef-solo** 的独立客户端。

Puppet 需要在目标节点中安装一台主服务器和客户端代理，并包含一个独立客户端选项，相当于 Chef-solo。我们可以使用 Puppet 命令下载并安装部署模块。Puppet 与 Chef 一样，也提供了付费企业版，还提供了报告和编排/推送部署等附加功能。虽然 Chef 和 Puppet 执行相同的基本功能，但是它们的方法不同。Chef 似乎更加完整和一致，而 Puppet 由多个服务组成。这使 Chef 更容易创建、运行和管理。两者各有利弊，因此需要评估哪一个对我们的运营团队和基础设施开发工作流程更有优势。

OpenStack 是一个免费的开源云计算软件平台，主要用作 IaaS 解决方案。它由一系列相互关联的项目组成，这些项目控制整个云中心的处理、存储和网络资源。用户通过基于网络的控制平台、命令行工具或 RESTful API 来管理这一切。图9.5显示了 OpenStack 平台的关键组件。

图 9.5　OpenStack 平台的关键组件

OpenStack 的主要组件包括 Nova（计算）、Cinder（块存储）、Glance（映像库）、Swift（对象存储）、Neutron（组网）、Keystone（认证服务）和 Heat（编排工具）。

Heat 是 OpenStack 中基于模式的编排机制，它提供了一种基于模板的编排服务，通过执行正确的 OpenStack API 调用来描述云应用程序，生成运行中的云应用程序。该软件将 OpenStack 的其他核心组件集成到一个文件模板中。模板允许创建大多数 OpenStack 资源类型（例如实例、浮动 IP、卷、安全组和用户）及更高级的功能，例如实例高可用性、实例自动缩放和嵌套式堆栈等。

可以使用 Heat（而不是编写一个脚本）管理 OpenStack 中的所有软件（比如设置服务器、添加卷、管理网络等）。为此，创建一个 Heat 模板来指定需要什么样的基础设施。如果需要对现有服务进行修改，只需要更改 Heat 模板，然后，Heat 引擎将在重新运行模板时做出必要的变更。当它完成时，可以清理并释放资源，以供任何需要它们的人员使用。

如图9.6所示，将 Heat 模板通过 Heat 引擎创建一个在 Heat 模板中指定的资源堆栈。Heat 位于编排层中所有其他 OpenStack 服务之上，并与所有其他组件的 IP 进行会话。一个 Heat 模板生成一个**栈**，这是 Heat 中的基本单位。编写一个包含大量资源的 Heat 模板，每个资源都是 OpenStack 中的一个对象，通过对象 ID 进行标识。Heat 创建这些对象并跟踪它们的 ID。

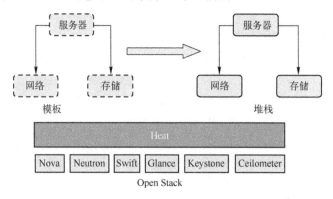

图 9.6　Heat 的工作原理

我们还可以使用**嵌套堆栈**，一个 Heat 堆栈中资源可以指向另一个 Heat 堆栈的资源。这就像一个堆栈树，其中的对象是相互关联的，而且它们之间的关系可从 Heat 模板中推断出来。通过使用嵌套方式，不同的团队可以独立处理 Heat 堆栈，然后把它们合并在一起。Heat 的主要组件是 Heat 引擎，它具有编排功能。

Heat 编排模板（HOT）是 Heat 的本地模板，使用 YAML 描述。

Juju 是一个开源的自动服务编排管理工具，使我们能够在各种云服务和服务器上部署、管理和扩展软件和服务。Juju 可显著减少部署和配置产品服务的工作负载。

Juju 是在所有主要的公有云和容器上建模并部署应用程序或解决方案的最快方法。它有助于将部署时间从几天缩短到几分钟。Juju 使用现有的配置管理工具（图9.7），并且可以很容易对工作负载进行调整。Juju 支持所有主要公有云的提供商，比如 Amazon Web Services、Azure、OpenStack 和 LXC 容器。它还为测试本地计算机上的部署提供了一个快速、简单的环境。用户可使用 Bundle 包在几秒内部署整个云环境，这可以节省大量时间和精力。

第 9 章　自动化的多云操作和容器编排

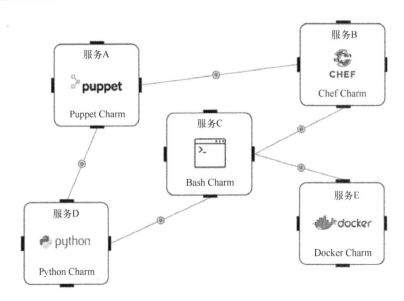

图 9.7　使用 Juju 部署服务

Charm 是一款开源工具，Juju 可利用它来简化特定的部署和管理任务。Charm 是一套可使用任何语言编写的脚本，能根据特定条件触发 hook。部署服务后，Juju 可定义服务之间的关系，并向外界发布服务。Charm 赋予了 Juju 权限。它可以封装应用程序配置，并定义服务的部署方式，提供连接到其他服务的方式和扩展方式。Charm 还可定义服务的集成方式，以及定义服务单元该如何对 Juju 编排的分布式环境中的事件做出响应。

Juju Charm 通常能支持服务横向扩展所需的任何操作，包括将计算机添加到集群，并自动保持与依赖该服务的所有服务之间的关系。这使我们能够构建（并调整）想要的服务，特别是在云中。Juju 为设计、构建、配置、部署和管理云基础设施提供了命令行界面和直观的 Web 界面。

Docker 是一个开放的支持容器化的平台，用于快速开发、移植、运行和交付应用程序。容器化是一种 OS 级别的虚拟化。通过这个新引入的抽象概念，可以实现软件的可移植性。这对软件产业的影响是巨大的。它加快了软件交付的速度，消除了开发团队与运营团队之间的人工转换，使部署过程 100%可复制。一旦应用程序被容器化，就可以在任何地方运行，而不需要做任何调整。这就是为什么容器技术是建立并确保多云策略的基础和基本构件（https://articles.xebia.com/the-effect-of-containers-on-the-software-delivery-process）。

· 177 ·

加速软件安装——过去，需要手动安装软件、配置 OS 等，以便为用户提供软件的独特功能。如今，可以轻松地为任何应用程序、数据库和中间件创建 Docker 映像，然后使用统一的命令将映像转换为可以在任何环境中运行的容器。

安全隔离——通过各种内核功能，使容器可以与其他容器及与 Docker 底层主机分离。容器中的应用程序无法查看其他容器的应用程序、数据和网络信息。可以限制它们使用的 CPU、内存和磁盘空间的数量。除了隔离之外，还有其他方法可以提供彼此隔离的容器。Docker Hub 只允许验证并确认应用程序的 Docker 映像。

随处运行——创建高度可迁移的软件一直是 IT 专家面临的重大挑战。之前的尝试都失败了。在 IT 发展史上，支持 Docker 的容器化最终实现了软件的可迁移，使软件能够在任何环境（本地或远程、小型或大型等）中运行。

促进 DevOps 功能——一旦应用程序被容器化，应用程序部署就会更加简单快捷。容器化达到了 100%可再现。通过容器技术可以消除开发团队与运营团队之间长期存在的壁垒。

绝对可靠的版本控制——一旦应用程序被容器化，很容易修改和管理应用程序。当应用程序在机器上运行时，Docker 会指明它的映像版本。这样就不需要维护配置管理数据库。只要查询运行时间，就可以得到准确的版本。

实时横向扩展——容器十分轻便，因此容器配置非常快（仅需要几秒钟）。因此，在容器化时代，可保证扩展（横向扩展）任务的及时完成。

可轻松实现高度的可用性——在同一台机器或相邻机器中启动容器非常快。此外，许多容器可以同时配置。这些都会让应用程序的可用性提高。

内置容灾——容器映像是构成稳定基础设施的基本构件。所有映像都保存在一个存储库中。在发生灾难的情况下，可加快复制应用程序和数据容器，并可实现复制的自动化。

容器的好处总结如下。

- **敏捷的应用程序创建和部署**——与使用 VM 映像相比，容器映像的创建更加容易和高效。
- **持续开发、集成和部署**——由于映像的不变性，容器映像的构建和部署变得可靠且频繁，而且可以快速、轻松地回滚。
- **开发与运营分离**——此功能在构建/发布时（而不是在部署时）创建应用程序容器映像，从而使应用程序与基础设施分离。
- **以应用程序为中心的管理**——容器将抽象级别从在虚拟硬件上运行的

OS 提升到使用逻辑资源在 OS 上运行的应用程序。
- **松散耦合、可分布、弹性灵活的微服务**——将应用程序分解成更小的、独立的部分，可以进行动态地部署和管理，而不是在一台大型专用机上运行的大型单一堆栈。
- **资源隔离**——保证可达到应用程序预想的性能要求。
- **资源利用**——大大提升资源利用的效率和频率。

容器化技术给软件工程领域带来了一系列方法的转变，在 IT 运营方面也出现了许多决定性的、更深层次的自动化、扩充和加速。

9.12 容器管理任务和工具

容器在云环境中的快速扩散使云运维团队的工作变得更加复杂。此外，物理机器中容器的密度也加剧了这种复杂性，因此，容器的生命周期管理成为一件繁重的工作。这就需要可靠的自动化。目前，市场上有几款容器管理解决方案。本节将对这方面有所说明。在容器操作方面，有一些监控和测量工具。容器化时代，以主机为中心（而不是以角色为中心）的监控解决方案很快变得无法使用。一些编排工具支持容器集群和调度。容器管理工具可以处理容器化应用程序和应用程序组件的管理任务。以下是容器管理工具的各种特性与功能：

- **配置**——这些工具能够在容器集群中配置或调度容器，并启动它们。理想的情况下，它们会根据需求（如资源和地理位置）在最合适的 VM 或裸机服务器中启动容器。
- **配置脚本**——脚本化允许将特定应用程序配置加载到容器中，方法与使用 Juju Charm、Puppet Manifest 或 Chef Recipes 相同。它们通常使用 YAML 或 JSON 编写。
- **监控**——容器管理工具能够跟踪并监控容器的运行状况和集群中的主机状况。在监控发挥作用的情况下，监控工具会在一个容器崩溃时启动一个新的实例。如果服务器出现故障，该工具会重新启动另一台主机上的容器。这些工具还将检查系统运行状况，并报告容器及容器所在的 VM 和它们运行所在的服务器的异常情况。该功能可对容器性能和运行状态进行全面的监控和测量。如果出现任何阈值、状态变化或值得注意的事件，将提供相关模块的详细信息，以便了解问题所在，并立即采取适当措施。
- **滚动升级和回滚**——当部署一个新版容器或在容器内运行的应用程序时,容器管理工具会在容器集群中自动更新它们。如果出现问题,它们可以回滚到上一个正确的配置。
- **服务发现**——容器使用服务发现功能自动查找其相关的服务。它完全是以动态方式查找相关服务和流程,来完成已经启动的任务。例如,工具帮助前端应用程序(比如 WordPress)通过 DNS 或代理动态发现其对应的后端服务,如 SQL 数据库实例。
- **容器策略管理**——很多情况下,策略正在成为加速容器使用过程的一个重要因素。在容器时代,策略的制定与执行对于实现渴望已久的自动化来说至关重要。策略将规定使用这些工具启动容器的方式、时间和地点。一些配置指标(如"应当为每个容器分配多少个内核"等)可通过明确的策略实现自动化,这些策略是加快并简化容器管理、安全性、编排和治理的重要因素。

目前有以下三种主要的容器管理工具。

Docker Swarm——如上所述,容器最近已成为一种非常流行的软件应用程序交付方式。这在一定程度上是由于微服务体系架构(MDA)的日益流行,这种架构鼓励并支持将应用程序作为一组松散、轻度耦合、可横向扩展、可独立部署、易于管理、可公开发布、支持 API 的服务来交付。微服务是一种理想载荷,使容器成为最优化的运行资源。出于开发目的,在单台 Docker 主机上使用容器是一种相对简单的工作。然而,当我们希望将应用程序部署到生产环境中时,需要额外功能的支持。如需要更好的适应性来扩展服务规模,并能在运行过程中进行动态扩展。这在单台 Docker 主机上确实很难实现,而是需要容器编排概念的支持。

为了提供适合大规模运行容器的环境,需要一个编排平台或集群来存放容器。Swarm 和其他对等编排工具一样,需要一个计算节点集群才能正常工作。在 Swarm 中,节点都运行 Docker 引擎,并作为紧密耦合的单元来部署容器化的工作负载。会对集群中的节点分配一个角色——管理人员或员工。管理节点参与集群管理,维护其状态并调度容器工作负载,而员工是容器工作负载的接收者。除非另有指示,否则管理人员还要担任员工的工作,承载容器的工作负载,并执行管理功能。

Docker Swarm 是 Docker 平台的独立编排器。Swarm 允许用户控制整个应用程序生命周期,而不仅仅是容器集群和调度。Docker Swarm 是一款较早的独立产品，曾用于集成多台 Docker 主机。Swarm 模式是 Docker 的内置集群管理器。在 Docker 1.12 中，Swarm 模式是 Docker 引擎的一部分。扩展、容器发现和安全性都包含在基本设置中。

Swarm 模式支持滚动升级、节点之间传输层安全加密、负荷均衡和简单的服务抽象。总之，Docker Swarm 模式将容器负荷分散到多台主机上，并允许在多个主机平台上建立一个 Swarm（即集群）。它还需要在主机平台上做一些事情，包括集成（因为在不同节点上运行的容器必须彼此通信）和隔离（这有助于隔离和保护不同的容器工作负载）。

Kubernetes 是一个用于自动部署、扩展和管理容器化应用程序的开源系统。它将组成应用程序的容器分为多个逻辑单元，以便管理和发现。Kubernetes 提供了高度互操作性、自我修复、自动部署和回滚，以及存储编排功能。Kubernetes 擅长自动修复问题。容器可能会崩溃，但重启速度非常快，让我们难以感知容器正在崩溃。Kubernetes 的部分特点如下：

- 自动封装——可指定每个容器需要多少 CPU 或 RAM。此外，还可以添加一个指定的限额。
- 横向扩展——可以用一个简单的命令来扩展应用程序，或根据 CPU 的使用情况自动扩展。
- 自我修复——重启出现故障的容器，在节点不可用时，替换并重新调度节点上的容器。
- 服务发现和负荷均衡——Kubernetes 为容器提供它们自己的 IP 地址和一组容器的单个 DNS 名称，并能够在它们之间实现负荷均衡。
- 自动部署与回滚——Kubernetes 逐渐部署更改，并确保它不会同时终止所有实例。
- 存储编排——自动装载我们选择的存储系统，无论是从本地存储、公有云提供商（如 GCP 或 AWS）还是网络存储系统（如 NFS、iSCSI、Gluster、Ceph、Cinder 或 Flocker）。
- 批处理执行——Kubernetes 可使用作业管理批处理和 CI 工作负载。

为什么需要 Kubernetes？——支持跨越多个容器的商业应用程序，这些容器必须跨多台服务器主机进行部署。Kubernetes 为这些工作负载提供了大规模部署容器所需的编排和管理功能。Kubernetes 编排功能允许构建跨多个容器的应用程序服务，能够跨集群调度和扩展这些容器，并持续管理这些容器的运行状况。

Kubernetes 还需要与网络、存储、安全、测量和其他服务集成，以便提供全面的容器基础设施（如图9.8所示）。

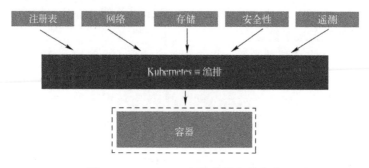

图9.8　Kubernetes与其他服务的集成

Kubernetes 解决了许多常见的容器扩展所带来的问题——可以把容器分类成一个个"Pod"。Pod 为已分组的容器添加一个抽象层，这有助于调度工作负载，并为这些容器提供必要的服务（如网络和存储）。Kubernetes 还支持在这些 Pod 之间实现负荷均衡，确保有合适数量的容器来支持工作负载。

Kubernetes有哪些用途？——在环境中使用 Kubernetes 的主要优势是它能够在物理机器或 VM 集群上调度和运行容器。更简单地说，它有助于在生产环境中部署一个良好的基于容器的基础设施。由于 Kubernetes 旨在实现操作任务的自动化，可以帮助完成很多其他应用程序平台或管理系统能够让我们做的事情。通过使用 Kubernetes，可以很容易地完成以下工作：

- 跨多个主机编排容器。
- 更好地利用硬件，以尽可能多地获得运行企业应用程序所需的资源。
- 控制应用程序部署和更新，并实现其自动化。
- 挂载并添加存储，以运行有状态的应用程序。
- 快速扩展容器化的应用程序及其资源。
- 声明式管理服务，确保部署的应用程序始终以计划的方式运行。
- 具有自动布局、自动重启、自动复制和自动扩展等功能的运行状况检查和自我修复。

关键术语——把一些常见的术语进行分类，以便更好地理解 Kubernetes。

（1）**Master**——控制 Kubernetes 节点的机器，负责所有任务分配。

（2）**节点**——执行请求和分配任务的机器，由 Kubernetes Master 来控制。

（3）**Pod**——部署到单个节点的一个或多个容器。Pod 中的所有容器共享一个 IP 地址、IPC、主机名和其他资源。Pod 将网络和存储从底层容器中抽取出来,这样可更容易地在集群上移动容器。

(4) **复制控制器**——决定在集群中某个地方应运行多少个相同的 Pod 副本。

(5) **服务**——将工作定义从 Pod 中分离出来。Kubernetes 服务代理能够自动将服务请求发送到正确的 Pod,无论其迁移到群集的哪个位置,甚至已经被替换。

(6) **Kubelet**——此服务在节点上运行并读取容器清单,并确保定义的容器已启动并正在运行。

(7) **Kubectl**——是 Kubernetes 的命令行配置工具。

图9.9 中展示了 Kubernetes 如何在基础设施中部署。

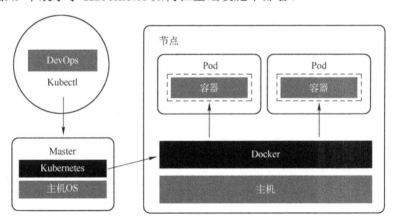

图 9.9　Kubernetes 在基础设施中的部署

Kubernetes 在 OS 之上运行,并与节点上运行容器的 Pod 进行交互。Kubernetes Master 接受来自管理员(或 DevOps 团队)的命令,并将这些指令转发给下属节点。此切换与多种服务协同工作,以自动确定最适合该任务的节点。之后实现资源分配,并在节点中分配 Pod,以便完成请求的工作。

9.13　Mesosphere Marathon

Marathon 是一个用于 Mesosphere 的 DC/OS 和 Apache Mesos 的容器编排平台。DC/OS 是基于 Mesos 分布式系统内核的分布式 OS。Mesos 是一个开源的集群管理系统。Marathon 通过其搭档程序 Chronos（一个容错的任务调度器）实现现有状态应用程序与基于容器的无状态应用程序之间的管理集成。Marathon 具有许多功能，包括高可用性、服务发现和负荷均衡。如果在 DC/OS 上运行，应用程序还可以实现虚拟 IP 路由。然而，Marathon 只能在带有 Mesos 的软件栈上运行。此外，某些功能（如身份验证等）仅在 DC/OS 上的 Marathon 中可用。

功能

- **高可用性**——Marathon 作为主/备集群模式运行，选举过程覆盖 100% 正常运行时间。
- **多个容器运行时**——Marathon 为 Mesos 容器（使用 cgroups）和 Docker 提供全面支持。
- **有状态应用程序**——Marathon 可将持久化存储卷捆绑到应用程序中。可以运行 MySQL 和 Postgres 等数据库，并让 Mesos 负责存储。
- **约束**——每个机架、节点上的应用程序只能有一个实例。
- **服务发现和负荷均衡**——有几种方法可用。
- **运行状况检查**——使用 HTTP 或 TCP 检查评估应用程序的运行状况。
- **事件订阅**——提供一个用于接收通知的 HTTP 端点——例如，与外部负荷均衡器集成。
- **指标**——以 JSON 格式查询，或将它们推送到 graphite、statsd 和 Datadog 等系统。
- **完整的 REST API**，易于集成和编写脚本。

DC/OS 功能

在 DC/OS 上运行，Marathon 将获得以下附加功能：

- **虚拟 IP 路由**——Marathon 为应用程序分配一个专用的虚拟地址。无论该应用程序被调度到哪里，都可在集群中的任何位置访问应用程序。能够实现自动实现负荷均衡和故障重新路由。
- **授权（仅限 DC/OS 企业版）**——真正的多租户，每个用户或组都可以访问自己的应用程序和组。

总之，与以往用于提高运作和开发效率的技术相比，容器确实通过更好的资源利用、更容易的配置、更快的部署和更灵活的开发过程来交付程序。

然而，容器化的真正好处是实现了多容器应用程序。即使在生产环境中部署和管理适量的容器，也需要使用一个容器编排平台。使用微服务架构的应用程序可能由分布在数十个物理节点上的数十个甚至数百个容器和相互依赖的容器化服务组成。为了将多个组件与一个一致的集成和交付平台相关联，集群必须每天启动和关闭数百万个容器才能测试代码。容器编排和集群管理工具的作用和职责不断加大，以确保容器和微服务时代的到来。

9.14　云编排解决方案

（1）**微焦点云编排解决方案**（https://www.microfocus.com/）更具灵活性，而且操作简便，能够在不同的混合云中安全地创建、部署和运行应用程序和服务，并加快交付速度。微焦点提供多种云编排解决方案，其中包括：

- **云服务**——云管理软件使企业更容易从一种安全、兼容的云服务中获益。
- **持续部署**——该解决方案实现了对跨应用生命周期的复杂应用程序的自动化和发布管理。
- **DevOps**——通过统一开发和运营来加速创新并满足市场需求的解决方案。
- **企业架构**——有助于识别浪费和冗余并推动变革的解决方案。
- **API 管理**——用于管理异构环境和 SOA 中的 API 生命周期、应用程序和集成的软件。

（2）**RightScale 多云平台**——有助于混合和匹配公有云、私有云和虚拟化环境，以满足任何云组合策略。除了云之外，该平台还支持一系列虚拟机监视器——KVM、Xen 和 vSphere，以及 OS——CentOS、RHEL、SUSE、Ubuntu 和 Windows。这种组合方法使企业有能力制定一种不会过时的云战略，优化成本和性能，实现最佳全球访问功能，并获得财务灵活性和谈判优势。

（3）**Cloudify** 是一个开源的云编排平台，旨在跨混合云和堆栈环境自动部署、配置和修复应用程序和网络服务。Cloudify 使用一种基于拓扑和编排规范声明的方法来描述云应用程序（TOSCA）规范。在这种方法中，用户通过简单易读的术语来明确所需的应用程序状态。此外，Cloudify 确保达到所需的状态，同时持续监控应用程序，以确保在出现故障或容量不足时保持所需的 SLA。

Cloudify pure play 编排平台提供了一个通用的自动化引擎，它跨越了生产环境中使用的各种工具，从应用程序到网络服务、数据库和基础设施。通过基于角色的访问控制和精细粒度的多租户管理，开发人员访问应用程序的同时，IT 仍然能够控制资源和数据。

（4）ICO——组件化应用程序对操作生命周期管理构成了挑战，特别是在部署和重新部署方面，特别是当组件移动到某个云之外时，会变得更具挑战性。多云项目（包括来自多个提供商的混合云和公有云）加剧了这些困难，因为它们使用不同的托管模型。通过 DevOps 工具进行自动化部署可降低复杂性，但主要用于数据中心，并且无法应对云的灵活性和可移植性。此外，DevOps 工具并不针对端到端和全面的操作自动化，大多数是以部署为中心，这远远不能满足云应用的需求。作为操作自动化的云管理平台，正是 ICO 发挥作用的地方。

ICO 体现了以更复杂的应用程序生命周期管理的需求，来应对复杂的 IT 和业务框架。云管理平台组织并管理应用程序，支持业务目标，而不仅仅是部署规则。ICO 将云部署的三大元素（基础设施服务、应用平台和管理）放入模板，便于排序和控制。图形界面使用户能够定义每个模板的控制架构，并为它们导入第三方元素。所有这些元素都通过 IBM 的业务流程管理器（BPM）集成，并与根业务活动相关联。

应用程序、基础设施和平台描述都是高度抽象的模式，这意味着用户可以用通用术语来定义一个部署，然后再描述如何将这种通用方式应用于任何云或私有 IT 平台。这些模式（各种步骤融合在一起，以创建一个预定义的表单）还可调用在使用中的 DevOps 工具。通过这种方式，管理员可以将 DevOps 部署与端到端编排联系在一起，使用 ICO 来协调云提供商提供的编排工具之间的差异，以及容器与 VM 之间的部署差异。

IBM 的云管理平台采用事件驱动架构，这使它非常适合控制多云环境。因此，托管在那里的所有云和组件都是完全异步的。由用户或第三方供应商定义的事件触发操作，这些操作类似于生命周期过程。通过使用 ICO，多云用户可导入、部署和导出云应用拓扑编排规范（TOSCA）来作为平台和基础设施元素的模式。由于 TOSCA 的接受度越来越高，合并来自多个提供商的云描述是一个关键属性。TOSCA 模型包括三个计划：结构、构建和管理。云管理平台采用了这种通用方法作为固有模式，并且很好地借鉴了 TOSCA 的经验教训。

使用 IBM 云管理平台的第一步是将应用程序的生命周期内的操作定义为一组使用 BPM 的业务流程。这描述了完成部署所需的抽象步骤，以及操作中可能出现的事件，如故障或扩展。ICO 控制台使用简单的拖放步骤来简化过程。

接下来，确定每个应用程序及其托管环境的模式。这些模式可以描述单个部署和集群、Pod 或组部署；用户可以为多云环境中的每个云描述不同的模式。不要忘记定义结构——组件的工作流链接映射，以及与每个事件相关联的管理事件、规则和流程描述，包括部署请求。如果所有这些都已正确完成，ICO 将自动管理整个应用程序生命周期。它可以在多个云之间建立平衡，在公有云与数据中心之间实现切换，使用一个设备备份另一个设备等。简而言之，IBM 的云管理平台可以组织和处理一个多云的环境。

- **跨 SDDC 和多云的应用感知监控**——这个基础设施软件解决方案集中了 SDDC 和多云环境的 IT 运营管理，加快了价值实现的速度，并通过原生集成实现了更智能化的故障排除，确保从应用程序到基础设施运行状况的统一可视性，以及基于指标和日志的有效信息提取。

- **统一性能管理**——这个自动化解决方案通过一个易于使用、高度可扩展的平台，获得一个关于应用程序和基础设施运行状况的统一 IT 运行视图。它可以显示关键性能指标和基础设施组件的依赖关系，构建可操作、即开即用的控制平台，发现潜在的问题并提出纠正措施。此外，它使用一个简单且直观的用户界面快速排除问题。除了监视应用程序和 OS 外，它还可以通过预测分析和智能警报来主动修复性能问题。可自定义的控制平台、报告和视图都支持基于角色的访问，并支持在基础设施、操作和应用程序团队之间更好的协作。

- **360 度故障排除**——此产品能够同步使用指标和日志进行 360 度故障排除，具有更好的智能化。vRealize Operations 和 vRealize Log Insight 的无缝集成将结构化数据（如指标和关键性能指标）和非结构化数据（如日志文件）结合在一起，以便更快地进行原因分析。通过使用集中日志管理解决方案分析不同 IT 环境（包括虚拟环境、物理环境和云环境）中的数据，不仅能节省时间还可以提高投资回报。

- **SDDC 本地集成**——此平台通过本地方式来运行并扩展 VMware SDDC 组件，如 vCenter、vSAN 和 VMware Cloud Foundation。vSAN 本地管理提供特定的 vSAN 容量监控，包括剩余容量和时间、重复数据删除、压缩节省和回收时机等。通过高级故障排除、主动警报和从 VM 到磁盘的可视性，实现了对多站点和扩展集群的集中管理。

- **开放和可扩展的平台**——该平台解决方案使用开放、可扩展的架构来管理大型且复杂的异构和混合环境。此外，架构具有可扩展性和灵活性，可以支持高度复杂的环境。它可部署来自 VMware、第三方硬件和应用程序供应商的指定域的管理包。
- **应用感知架构管理**——通过一个集中的运行视图深入了解应用程序到基础设施的依赖关系，还可以显示基础设施组件对应用程序的依赖关系，从而简化了程序修改的影响分析和故障排除。此外，它还可以评估和分析依赖关系，特别是发现 VM 之间被忽视的关系，以及可能从容灾计划中丢失的关键连接。
- **工作负载的自动化和主动管理**——通过对基础设施和应用程序性能的完全自动化管理，精简了 IT 操作，同时依然能够实现完全控制。此外，它可以实现工作负载的自动均衡，避免争用，在终端用户受到影响之前启用问题和异常的主动检测和自动修复。
- **工作负载自动均衡**——根据业务需求，在主机和集群之间自动连续地移动和均衡工作负载。它可以控制自动化程度、采取自动化措施和分析触发时间。它将根据业务需求，例如优化成本、性能或利用率，然后自动化并调整工作负载均衡，甚至执行手动重新均衡。
- **预测分布式资源调度**——通过将 vRealize Operations 的预测分析与 VMware Distributed Resource Scheduler（DRS）相结合来避免争用，从而计算未来可能的争用并主动移动工作负载来进行避免。它还使用预测分析功能来分析每个与对象相关指标的小时、天和月模式，预测未来需求，并通过触发 DRS 的移动操作提前应对增加的需求。
- **预测分析和补救**——它能够通过预测分析和智能警报来提前修复性能问题，将多个症状与实际警告和通知关联到一起。此外，它还对一些问题进行了简单说明，并提出了纠正措施。在终端用户受影响前，发出修正警报和问题。只需点击一下就可以自动化地完成全部操作。

因此，企业如果想从多云项目中获得可观的收益，就一定要使用多云管理和编排解决方案。

9.15 多云环境的安全问题

云计算是指利用连接到远程服务器的互联网络来执行存储、管理和信息处理等操作的计算方法。现今，各业务部门正在集成使用多云计算的架构、服务和技术。云的部署和交付模型多种多样，将它们合并为一个单元，用于执行业务流程与活动。然而，随着这种做法的广泛应用，人们注意到了一些安全问题，主要与基于网络的安全风险、可用性破坏、机密性威胁和完整性风险息息相关。在多云环境中，比较常见的事件包括拒绝服务（DoS）攻击、恶意软件攻击、消息/媒体更改攻击、网络欺骗和钓鱼攻击、中间人攻击和窃听攻击等。企业必须采取特定的安全措施，确保安全风险和事件得到预防、检测和控制。为了实现安全的多云环境，企业应采取下列安全措施和步骤（https://www.fingent.com/blog/how-secure-is-your-business-in-a-multicloud-environment）。

- **可见性的优先级**——多云环境中的企业和组织必须确保已完成所有云实例的可见性。为了提高可见性，应采用基于行为的监控方法。这样可以报告有异议的变动和有害的活动。
- **遵守最佳实践**——在多云环境中，涉及各种系统、设备和网络。这些实体都有一套指导原则和标准。云安全团队必须分析并理解与每个实体相关的最佳实践。例如，如果多云环境中存在 NoSQL 数据库，则最好满足数据库合规要求，采取先进的访问控制和身份验证措施，并从云的整体安全角度来提升数据库安全。
- **灵活、安全的管理**——对于任何企业而言，**管理**都是一项核心功能。只有使用被可靠管理的系统，才能在整个企业内建立信任和安全。业务流程与多云环境相关联，因此必须进行安全**管理**，包括身份管理、业务调度和资源分配管理等。
- **静止数据的加密**——企业和组织常常会强制实现对传输中的信息进行加密。然而，对静止信息的加密往往没有得到应有的重视。这种安全漏洞为攻击者提供机会，使他们能够获取静止信息并滥用这些信息。因此，使用高级加密算法对静止信息进行加密是非常必要的。
- **先进的共享责任模式**——资源共享是云计算的主要特征之一，它在多云环境中得到增强。彼此交叉的责任与想法常常会出现，这可能会导致安全漏洞的出现。在多云环境中存在的每个实体都必须确保绝对公平地实施云共享责任模型。应以完全透明且易于执行的方式分配角色和职责。
- **基于网络的安全控制**——在多云环境中发生的大多数安全问题都是由网络作为载体所引发的。实现自动化和先进的网络安全工具和控制需求迫切，必须避免和控制此类风险。这些工具包括网络监控工具、入侵检测系统、入侵预防系统、反恶意软件工具和反拒绝攻击工具等。

云战略与规划帮助企业提高了业务运营和活动的绩效、速度及质量。随着安全风险和威胁的出现,给业务连续性和客户参与度带来了负面影响。因此,必须采取基本和高级的安全措施来对待安全事件和问题。这些措施应结合管理、物理、逻辑和技术等进行综合管控。

企业通过使用市场上现有的安全解决方案,能够在多云环境中实现并维护安全性。这些解决方案提供了综合安全机制,并且消除了为每个云模型和元素部署安全措施的重复工作。领先的软件解决方案提供商可以在一个软件包内提供综合的安全概念和需求(如信息安全、网络安全和数据库安全)。

9.16 构建多云环境中 DevOps Pipeline 的 12 个步骤

本节介绍在通过多云环境构建一个 CI/CD DevOps Pipeline (https://dzone.com/articles/twelve-factor-multiCloud-devops-pipeline) 的 12 个步骤,包含了从编写源代码到监控等内容。

(1)源代码管理——连续的交付 Pipeline 从开发人员提交与微服务、配置文件(Ansible playbook、Chef cookbooks 或 shell 脚本)或者作为代码的基础设施(如 CFT、ARM、GCP 或 Terraform)相关的代码开始。根据企业策略,将通过一个分支机构来负责代码合并后的构建。

(2)构建管理——Pipeline 将应用程序的整个生命周期定义为代码。这可以通过多种方式实现,包括 Jenkins 或 Spinnaker Pipeline。Spinnaker 适用于任何云平台,基于 YAML 文件实现。应用程序的整个阶段都写在一个 Jenkins File 中,然后自动执行。可以有 N 个 Jenkins 主节点和大量执行器或代理,以便进行有效管理。CloudBees JOC 企业版可以非常有效地管理共享的子节点。另一种扩展 Jenkins 的方法是使用 DC OS 和 Marathon,它允许用户使用多个 Jenkins 主节点共享一个资源池来运行构建的过程。Jenkins 代理的动态销毁或创建与需求直接相关。

(3)质量管理——SonarQube 能够分析 20 多种语言,输出包括质量评估和存在的问题(如编码规则被打破所导致的问题等)。由于分析软件的实现语言不同,分析结果存在差异。

(4)库管理——将 Jenkins 构建的 artifact 推送到库管理器,并根据环境进行标记。

（5）**Docker 注册表**——在 CI 服务器上运行的 Docker daemon 构建一个基于 DockerFile 的映像作为源代码，并将其推送到 Docker 注册表。它可以是 DockerHub、AWS ECR、谷歌容器注册表、Azure 容器注册表，甚至是一个私人注册表。

（6）**部署管理**——artifact 经过从开发到生产的所有阶段。必须确保它按照企业标准通过每个阶段，并使用正确的标签来提交到更高层的环境中。

（7）**在云中构建基础设施**——如果是单一的云提供商，可使用符合该提供商的模板；对于 AWS，有云构成模板；对于 Azure，可以使用 Azure 资源管理器；对于谷歌，可以使用谷歌云平台模板。通过 CLI 内置工具代理，可以自动触发并在目标环境中创建基础设施。

Terraform 是一种 Cloud-agnostic，允许使用单一配置来管理多个提供商。它甚至可以处理跨云的依赖关系。这样简化了基础设施的管理和编排过程，帮助运营商构建大规模的多云基础设施。

如果使用 Docker 或 Packer，就不需要使用配置管理工具来配置服务器，因为这些工具已经具备了这种功能，只需要一台服务器来运行容器。如要提供多台服务器，则 Terraform 是一款理想的编排工具。

（8）**容器配置**——建议在所有环境中使用相同的容器。容器配置有多种方法，通常有以下几种。

- 通过环境变量动态设置应用程序配置。
- 通过 Docker 卷映射配置文件。
- 将配置合并到容器中。
- 如果作为服务来提供，则需要通过配置服务器来获取。

（9）**测试自动化**——快速的用户验收测试（UAT）反馈循环是持续交付成功的关键。自动测试驱动开发（ATDD）是建立快速反馈循环的必要条件。有了 Docker 和云基础设施等生态系统，需要计算、存储和网络环境的自动化测试就变得更容易了。对于 ATDD，可使用 Mockito、Cucumber 或 Selenium Grid 等工具。

（10）**容器集群管理**——通过使用微服务体系架构 MSA，可以轻松地部署容器并运行应用程序。与 VM 相比，这些容器是轻量级的，而且能够更有效地使用底层基础设施。它们可根据需求扩容或缩容。此外，通过使用这些容器，用户可以更容易地在不同环境之间添加或删除应用程序。编排工具应具有以下功能。

- 配置。

- 监控。
- 服务发现。
- 滚动升级和回滚。
- 配置为文本。
- 布局、可扩展性等策略。
- 管理。

前面已经讨论了一些流行的云编排工具,如 Kubernetes、Docker Swarm、Mesos + Marathon。

(11) **日志管理**——市场上有大量的日志管理工具,Docker 已为这些工具引入插件。这些插件可作为二进制文件安装。以下是日志管理的各种驱动程序。

- Fluentd——支持使用 TCP 或 Unix socket 连接到 Fluentd。
- Journald——在系统日志中存储容器日志。
- Splunk——HTTP/HTTPS 转发到 Splunk 服务器。
- Syslog Driver——支持 UDP、TCP 和 TLS。
- Gelf——UDP 日志转发到 Graylog2。

对于一个完整的日志管理解决方案,还需要使用其他工具。

- 用于构建日志的 Log parser(日志分析工具),通常是 Log shipper(日志传送)的一部分。
- 日志索引、可视化和警报。
- Elasticsearch 和 Kibana。
- Graylog OSS/企业版。
- Splunk。

(12) **监控管理**——代理从系统和应用程序中收集指标和事件。用户可以在容器中安装至少一个代理,然后这个代理生成指标并发布。用户可以看到随时间变化的容器数量和跨实例的信息,如 CPU 使用情况、OS 使用情况和容器使用情况。

9.17 结论

云的发展历程如同过山车一般跌宕起伏。云代表着 IT 产业化、集中化、消费化、联盟化等趋势。云环境（尤其是公有云）涉及大量的服务器、存储设备、阵列和网络组件。这种由需求引起的变革导致业务复杂性加剧。另一个值得注意的趋势是，商业机构和大型企业热衷于采用经过效果验证、具有发展潜力的多云策略，以应对一些内部和外部挑战。本章专门介绍了云编排平台在降低日益增加的云复杂性方面发挥的作用。

第 10 章

多云管理：技术、工具和技能

10.1 绪论

数字化技术和工具变得无处不在，而且令人信服。世界各国在观察和吸收数字化过程、平台、模式、产品、实践和程序方面相互竞争，以便迅速、灵敏地对客户做出响应。各种商业机构和公司都在积极地制定战略，使其在运营、产品和产出方面都能从容地实现数字化。人类社会正在认识到数字化技术的重大影响。IT 企业同样热衷于推出一系列支持数字化的解决方案和服务。学术机构、创新者和个人都对数字化的策略和战略意义深信不疑。随着人们对数字化技术带来的商业利益、技术优势和用户效益的进一步了解，对数字化运动的认识和表现也在不断提高。这些数字化技术包括云计算、数据分析（大型、实时、流媒体和 IoT）、企业移动、Web 2.0（社交网络）和 Web 3.0（语义网）、人工智能（AI）等。

除了计算机外，日常设备、手持设备、可穿戴设备、医疗器械、飞行无人机、工业机器人、消费电子产品、国防设备、生产机械、家用物品和器具、个人手机和植入式设备（如传感器、促动器）等也在全面实现互联互通，并与远程的软件应用程序、服务和数据库实现相互连接。通过一组连接器、驱动程序、适配器和其他中间件解决方案实现的数字化构件，与连接器和基于云的应用程序之间彼此智能连接，使现实世界与网络世界联系越来越紧密。这种更深层次的、决定性的连接形成了高度集成且智能化的系统、网络、应用程序和环境。

所有参与者与客户之间的预期和非预期互动，都会产生大量的多结构数据。也就是说，数据速度、结构、模式、范围和大小为实现更好、更大、更光明的未来奠定了坚实基础。本章将详细介绍多云环境的各种特性、挑战和功能。

10.2 进入数字时代

计划中的数字时代涉及并使用大量创新的、颠覆性的和变革性的技术。除了不断进步的技术，还需要更进一步完善和调整流程。传统流程需要全面增强、合理化和优化，开发、部署和交付过程需要精简、环保。除了高度同步和优化的流程外，还需要使用恰当的应用程序和数据架构。微服务体系架构MSA有望作为设计模块化应用程序的新一代架构样式。大量的单体式应用程序正在划分成一组动态的、交互的、可公开发布的、可通过网络访问的、支持自动评估的、便携和可组合的微服务。通过对已证实和潜在的MSA模式的智能化应用，分布式和分散式的应用程序将轻松实现。对于开发以微服务为中心的应用程序，有许多成熟且稳定的设计模式。

这最终归结于数字应用、平台和基础设施。如上所述，MSA是用于处理传统和遗留应用程序更新换代的最优架构。目前企业正在使用MSA模式、流程和平台从头开始生成新的应用程序。此外，在平台方面有多种开发、部署、交付、自动化、集成、编排、治理和管理工具，以加快在裸机服务器、VM和容器中实现并运行大量微服务的过程。数字基础设施通常包括商品服务器、高端企业级服务器、超融合基础设施、硬件设备和混合云。数字化IT领域的进步和成就带来了许多可喜的转变，随着越来越多的企业利用先进的数字技术进行创新和创造，数字化转型正在加速。

10.3 多云环境的出现

随着各种强大的云实现技术和工具的问世，云的概念（实现数字化转型的最重要技术）愈加受到青睐。云化时代的到来无疑是一个积极信号，IT正朝着一个正确的方向发展，进而成为智能IT时代的重要影响因素和保障。商业组织、IT团队和CSP通过利用合理设计的云支持流程、产品和模式，协作创建各种面向业务的、通用的云环境。目前正在通过一系列技术解决方案来解决高度优先的限制和问题。根据备受赞誉的市场分析师和研究小组的预测，到 2020 年，当前运行的商业应用程序中的 80%将实现换代，并迁移到云环境中。IT 领域的发展趋势清楚表明，人们对云的接受度和采用率正在迅速上升。一个值得期待的趋势是，全球的企业正在将它们自己的 IT 环境/传统数据中心与一个或多个公有云捆绑在一起，以获得云模式的特有和直接优势。在传统 IT 与现代 IT 之间建立并保持的这种紧密的联系，是以云模式为代表的先进技术具有压倒性优势的重要原因，称这种技术为混合型 IT。这种新的组合运营模式带来了推动业务发展所需的敏捷性、灵活性和创新性。这种混合型 IT 模式使 IT 能够实现关键业务目标。

- 提高客户参与度、投入份额、满意度和忠诚度。
- 创造利润增长和差异化的新领域。
- 通过加速和提高效率来降低风险和运营成本。

另一个振奋人心的技术是混合云。将私有云与一个或多个公有云集成在一起称为混合云。这种新的现象正在发挥战略上的诸多优势，时代正在朝着多云时代稳步迈进。在即将到来的知识服务及智能应用时代，分布式计算将成为一种切实可行的重要模式，因此，混合云技术的应用已迫在眉睫。随着标准化云集成和编排产品及平台等在市场上的出现，利用多个地理分布的云时代即将到来。多云环境在未来建立数字化颠覆和转型的企业和社会中必然发挥更大的作用。

10.4　多云管理平台解决方案

为了建立并支持多云环境，需要满足一些重要的条件。如上所述，多云架构通常包括一些内部或外部私有云与一个或多个公共 IaaS、PaaS 和/或 SaaS 云的混合。将私有云和公有云结合在一起为企业带来的附加能力是在此讨论的重点。云环境充斥着裸机服务器、VM 和容器，所有云环境中的活动部件数量都在稳步增长，在管理云环境方面所面临的挑战也在不断增加。CMP 市场充斥着大量开源和商业级解决方案，以大幅减少云运营团队的工作负担。另一个值得注意的是，云应用越来越以微服务为中心。企业应用程序由数百个相互作用的微服务组成。特定微服务有多个实例，以此来保证高可用性。此外，还有许多云环境协同工作用来实现确定的业务目标。因此,多云环境的管理复杂性和在多云环境中运行的应用程序正在持续增加。

这些极其复杂的环境使IT运营团队和DevOps团队面临新的管理问题。传统的IT管理策略和工具是为与底层基础设施紧密耦合的有状态应用而设计的。然而,虚拟化和容器化的云环境不再与应用程序保持如此紧密的关系。虚拟化和容器化增加了一个额外的抽象层,因此,应用程序与底层基础设施不是紧密耦合的。主机中的VM和容器是动态的,从这个意义上来说,它们可以频繁地配置和停用。在云中心运营方面,也存在其他相关的问题。企业总是希望从IT领域中获得更多收益。特别是云计算,是老旧机器与现代计算模型之间的巧妙结合。这意味着云系统中的所有非功能需求/QoS属性及服务都可以轻松实现。

如要提供服务级别并满足按需访问IT基础设施及业务应用程序的业务需求,则运营团队必须能够通过使用统一的自动化工具来主动监控基础设施组件、资源和应用程序。通过监控工具收集的数据必须经过各种调查,才能及时获得切实可行的信息,然后据此考虑接下来需要采取的改进措施。这些信息还有助于团队成员确定问题并彻底解决问题,云系统的性能、可扩展性、安全性、可用性等均可及时测量和管理。成熟的运行和日志分析能够保证云环境的正常运行。为了应对日益复杂的多云环境,未来需要采用一种灵活的自动化方法,以满足可工具支持、基于策略、以模板为中心及可流程优化等特点。

出于各种原因,全球的企业都在接受多云的概念。随着云管理工具市场的稳步扩大及新型和增强型管理平台的推出,企业渴望得到并实施多云策略。拥有技术专长、能够进行流程和集中治理的企业可以在拥有和管理多云部署方面取得巨大成功。这一切都是为了实现IT资源和业务应用的分布式部署,同时确保可集中监控、测量和管理。

根据Gartner报告,CMP通常满足以下五个要求:服务请求管理;配置、编排和自动化;管理和策略;监控和计量;多云代理。CMP的主要价值体现在支持多云管理,通过应用策略以统一的方式实现公有云和私有云服务的编排和自动化。CMP可以带来以下三个方面的切实利益。

- 协助云服务用户选择提供商,确定提供商可运行的应用程序。
- 通过抽象云提供商的专有API,提供单一视图,并在多个云提供商之间实现。
- 减少对任何云基础设施服务提供商的单一依赖。

CSP公开自己的API,以便云消费者、客户和顾客能够查看其功能和容量。云用户通过CMP实现对多云的设置和维护,CMP本身能够对多个云服务进行比较、协作、关联和确认,从而帮助云服务用户做出明智的决策,以满足策略和战略需求。CMP 具有策略感知和管理功能,这就需要减少任何类型的人为干预、指导和解释。否则会使一些 CMP 降低提供的抽象级别,而且更倾向于标记的方式来实现在公有云环境中的可见性,其中一些还增加了反应式管理功能——持续监测环境是否符合策略并跟踪这些策略的执行情况。新的功能不断并入,形成更加全面的自动化管理能力,以加快实施并实现云的目标。

正在开发多云策略的企业除了需要考虑采用 CMP 解决方案及其独特的功能,还需要考虑一些特性,例如平台自动化、监控和分析功能的深度和广度。大多数多云环境包含一系列供应商、服务、应用架构和中间件。因此,有效的 CMP 需从多个来源获取数据,集成和编排工作流,并提供清晰可行的情报。

报告引擎的可用性、可视化、查询语言和相关分析也是重要因素。复杂的云环境需要强大的发现能力、依赖分析、预测和基于角色的情报梳理。这些云环境需提供创造性的价值,允许深度检测和自定义查询。企业应想方设法让平台的扩展能够为其带来的价值,如平台支持开发人员和 LOB 分析人员访问资源,支持 DevOps 并提供有关业务绩效和生产力的报告等。

10.5 多云管理解决方案的特性

鉴于当今的数字化和云架构及应用的动态性,世界各地的企业都发现与依赖最佳解决方案或基于社区的开源技术的集成云管理策略相比,统一的 CMP 具有高度相关性,并且能够提供更大和可持续的商业价值。企业和商业巨头需要集成的 CMP(而不是大量的点对点集成),通过从各种来源获取数据,并根据公共数据模型对数据进行规范化,然后使用一组一致的接口来进行数据的查询、报告和分析。统一的平台为各种功能提供了越来越多的接口,包括性能和配置管理、日志分析、容量规划、退回/退款显示,以及配置和迁移自动化。许多平台提供标准的报告和查询模板,并为 IT 运营、LOB 分析师和 DevOps 团队提供基于角色的控制界面。

CMP 具有以下一些重要的功能,使其能够提供巨大的商业价值。

- 通过使用设计图模板的全栈应用和基础设施自动化,对应用程序和基础设施的配置和迁移进行规范化和简化。
- 自助服务目录和编排技术,使 IT 员工和终端用户能够利用自动化技术

第10章 多云管理：技术、工具和技能

实现初始化和管理。其中重要的一点是，开发人员能够根据需要建立和结束测试、开发和准备资源等任务，以便与 DevOps 程序的持续集成和交付保持同步。

- 通过主动性能监测和预测分析，IT 团队能够在问题对客户产生影响之前发现并纠正。这些平台必须能够获取并分析各种来源的数据和 API，并提供用户友好的图形和可视化效果，以帮助 IT 团队快速评估影响服务的事件，并对此做出响应。
- 能够实现异构扩展和公有云资源消耗的跨云监测，能够主动预测何时需要额外的资源。
- 对云成本和容量进行准确、及时的管理、建模和预测，使客户能够优化工作负载分配的成本和云资源利用率。
- CMP 带来的最大好处就是通过强有力的监控、容量规划、成本管理和日志分析实现了高级自动化，确保开发团队和终端用户对基础设施的随时使用。

CMP 可提升公司创收和获客能力，通过快速扩展基础设施和应用程序实现新功能来满足不断变化的业务需求。IT 员工和终端用户的生产力源于使用更标准一致的配置和实现自动化，这不仅能减少人工参与和等待的时间，而且能够实现主动和可预测的监控与分析，在出现影响终端客户的问题出现之前检测到问题，并加快识别和纠正导致此类问题的根本原因。CMP 的功能如下（基于 Gartner 报告）：

- **服务请求管理**——这是 CMP 提供的自助服务接口，消费者通过这个接口可以轻松地使用各种云服务。云服务提供商提供带有 SLA 和成本明细的服务目录。根据发布的信息，CMP 选择适当的提供商和服务。服务请求可通过这个接口传送到 CMP 解决方案，来实现大部分活动的自动化。一些用户希望服务接口作为公有云服务原生功能的传递接口。服务门户或市场正通过更新获取新的特性、功能和设施，来获得或保持当前优势。目前，大量服务和支持管理系统（ITSM）及其他自动化工具，可随时满足用户的各种需求。第三方团队和 CSP 的运营团队也开展协作来快速处理服务请求。
- **配置、编排和自动化**——这些是任何 CMP 产品的核心能力。许多工具在本质上都有这些重要特性。如今，市场上有很多云编排和配置工具，也有很多服务和云基础设施编排的行业标准。同样，还有一些用于作业/任务调度、负荷均衡、自动扩展、资源分配等的自动化工具。

此外，还有资源配置管理系统。软件部署和交付工具也正在进入市场。确切地说，云运营正以一种端到端的方式实现全面自动化。

- **管理和策略**——这绝对是 CMP 中的一个关键功能。**管理**通常包括策略的制定与实施。策略/规则和其他知识库是实现所需自动化的主要途径。例如，众所周知的自动扩展策略得到广泛应用。

- **监控与计量**——监控、测量、管理和计量是任何 IT 硬件和软件包的基本要求。服务使用和资源消耗需要得到精确测量和计量。很多工具可用于执行这些任务。

- **多云代理**——在连接云和联合云的时代，代理解决方案和服务至关重要。通过云服务代理可以执行互联、调解和其他增强和支持等功能。使用连接器、适配器、驱动程序和其他解决方案，可在公有云与私有云之间建立无缝连接。使用桥接解决方案，可在公有云之间建立直接连接。随着多云和具有不同 SLA 的服务的出现，云代理的责任必将进一步提升。高级 CMP 也将配备代理工具和引擎。

- **安全与身份**——众所周知，云环境对安全性的要求越来越高。由于面向客户的应用程序和数据（企业、客户和机密）存储在云环境中（特别是在公有云中），安全至关重要。用户识别、身份验证、授权、其他责任和可审计性可视为云概念持续推广的关键因素。数据在传输、保存和使用过程中的安全性和隐私性对于云概念的成功非常重要。近年来，基于密钥的加密和解密、密钥管理等技术得到了广泛的关注。单点登录（SSO）对于多云应用必不可少。集中威胁和漏洞管理解决方案正在成为云环境的热点。

- **服务级别管理**——确保云消费者与服务之间达成《服务级别协议》和《运行水平协议》是云领域的一个重要方面。特别需要注意一点，非功能需求（NFR）/QoS 属性是区分所有参与服务提供商的关键。可扩展性、可用性、容错性、安全性和可靠性是一些经常重复的需求。服务复原能力、应用可靠性和基础设施多功能性，对于提升用户对云技术的信心至关重要。有一系列令人眼花缭乱的工具集可帮助实现这些复杂的功能。

- **云迁移与灾难恢复（DR）**——几年前以整体和遗留形式构建的个人和专业化的应用程序（仍在计算中）正在有意识地进行升级并迁移到云环境中，以获得所预想的云效益。云迁移可能不是一项简单的任务，因为它涉及云就绪状态的确定和发现，以及内部与外部云环境之间工作负

第10章 多云管理：技术、工具和技能

载的转移。用例包括了从一个环境永久迁移到另一个环境的工作负载，以及在灾难恢复测试或实际灾难中重新定位的工作负载。因此，正在移入云环境的应用程序应由 CMP 解决方案无缝管理。有些工具可实现应用程序升级的自动化和低风险，并支持迁移到多个云环境中。

为确保灾难和数据恢复及实现业务连续性（BC），正在建立次级云计算中心，CMP 产品有望与一级和次级云计算中心协同工作。

- **动态容量规划与资源配置**——此功能允许高效地使用基础设施所占空间。它通常与编排和自动化功能相关联。此功能与成本透明度和优化的结合越紧密。

- **成本透明度与优化**——此功能包括云计算费用的跟踪、预算和优化。

顾客满意度——CMP 提供了强大的自动化功能，以便规范和简化应用程序和基础设施配置，更快速地提供终端用户服务，并通过改变业务需求实现灵活的资源扩展。利用主动监控和预测分析，使 IT 团队能够在影响客户之前发现并解决问题，这可以使服务级别更加一致，终端用户满意度更高。

更快的上市时间——CMP 可以监控内部部署和公有云资源使用情况，并主动预测何时需要额外资源。自动上线和应用部署，支持与 DevOps 持续集成与交付的结合，使新的服务和应用程序能够尽快进入市场。尤其对于那些主要收入来源于在线服务和移动应用程序的企业，会大大缩短获得收入的时间。

提高资源利用率——数字转换、DevOps 和云技术在 IT 企业环境中带来频繁且复杂的变化。传统的手动流程太慢，而且容易出错，无法应对当今的快速变化。CMP 自动化、自助引擎、编排技术和模板设计系统使 IT 企业能够将有限的人力先集中在纠正设计模板上，然后依赖自动化来管理部署和变化。同样，更精密的监控和分析工具帮助有限的员工实现比传统方法更快速的问题发现和修订，使员工专注于更具战略性的工作。随着应用程序和基础设施可用性的提高，开发人员和终端用户可以专注于他们的工作，而不是等待资源。

更好的业务灵活性和可扩展性——CMP 可以监控和检测资源利用率的变化，并能够根据成本、安全性和性能确定特定工作负载的最佳位置。当与自动配置和迁移功能相结合时，这种分析能够使企业更快捷地扩展资源，对业务的快速变化做出反应，并保持最佳成本和绩效水平。

可承受性——随着对云基础设施成本、性能和可用性监控能力的提高，IT 企业可更好地根据需要使用和回收资源，将工作负载迁移到最佳资源，使员工注意力集中在影响最大的问题和终端用户请求上。对许多企业而言，由此带来的工作人员生产力的提高和基础设施成本的降低是显而易见的。

Turbonomic 的混合云管理解决方案实现了多云管理功能的自动化,并增强了这项功能。

(1)多云架构是增加资源弹性、加快开发和测试工作速度、访问更多地理位置并选择最佳提供商的基础。然而,在不影响性能、不违反合规要求、不浪费内部资源和不超支的情况下管理这样一个分布式的、复杂的多云环境并非一件易事。这种开创性的管理平台通过提高性能、降低成本和确保合规,简化了混合云的管理工作。

(2)这种解决方案确定了将迁移哪些云资产,以及迁移的时间和地点。它在跨混合云环境中降低成本并保持合规要求的同时,保证了应用程序的性能。

(3)这种解决方案可以无缝扩展到公有云的任何内部部署环境。它不仅了解工作负载的实时使用情况和性能特征,并且智能地将其与公有云中的可用资源进行匹配,在遵守合规要求的同时,能够自动识别混合环境中的最佳位置和可扩展性。

(4)Turbonomic 不断地将工作负载需求与 AWS 和 Azure 模板相匹配。它会自动提供向上扩展的选项,以在不影响性能的情况下降低成本。这个平台可分析 AWS 和 Azure 的开支,跟踪资金的流向并防止出现意想不到的费用。它将不同服务、区域、账户和业务部门的账单汇总到一起,然后根据预先确定的预算跟踪这些费用。按区域、标记或自定义组,准确、全面地跟踪和报告个别工作负载的所有相关成本(OS、IP、存储)。

(5)Turbonomics 在内部部署、AWS 和 Azure 环境中对计算、存储和数据库服务进行控制。工作负载需求配置文件不断与资源进行匹配,无论这些资源位于私有数据中心、公有云还是混合云组合中。

(6)这个平台会在混合环境中自动扩展工作负载。在无代理的情况下,Turbonomic 连接到应用程序,使用已收集的指标(例如,连接、堆、线程、响应时间、事务处理率)来确保应用程序在需要与本地或云中的服务级别保持一致时能够获得所需的资源。

(7)Turbonomic 无缝整合了业务策略。大多数企业都遵守合规政策,无论是 PCI、HIPAA、数据主权,还是关键任务应用程序的弹性水平。此外,它还可以无缝整合已有的分配策略,从而确保工作负载的正确分配。工作负载的转移仅限于经授权的云提供商区域或内部数据中心和集群。这种解决方案支持方便的策略制定,可将新策略整合到 Turbonomic 决策引擎中。

(8)通过使用 Turbonomics,指定的 HA 工作负载可分布到符合关键任务应用风险管理规范的多个区域和可用的数据中心、集群和本地主机上。

（9）Turbonomic 提供了一个统一的管理平台，可以查看内部数据中心、AWS 和 Azure 环境中的资源使用情况。跟踪、报告并分析 AWS 和 Azure 环境中的工作负载性能指标，包括不同云提供商、区域、地区的计算和存储资源（CPU、内存、IOPS 和延迟）。

CMP 为客户提供了一系列集成的自动化、监控、规划和分析功能，以便优化跨多个云的工作负载运行性能、IT 成本和业务敏捷性。对于 IT 决策者来说，CMP 的大部分功能主要来自避免与单点解决方案和开源工具共享的数据和流程孤岛。平台在数据规范和关联数据及流程整合方面的能力，使企业能够更有效地管理和优化复杂的多云环境。CMP 必须具有前瞻性和可预测性，并且能够意识到跨内部部署、公共或托管云基础设施的工作负载性能和容量需求。这些平台必须与现有的管理流程和工具相结合，并且为操作人员、开发人员和 LOB 分析人员提供用户友好的、基于角色的视图，使他们了解不同配置的服务级别、可用性、资源利用率和控制情况。

此外，在设计和建立可软件定义，可监测工作负载，可共享、动态和自动化的云环境方面还有其他一些功能。分布式云的工作负载整合与优化、资源（VM 和容器）分配与布局、云编排和自动化、服务组合，分布式资源和应用程序的集中管理及软件部署都成为 CMP 工具越来越流行的功能。云性能是另一个不能回避的重要领域，当应用程序迁移到云中心时，必须通过性能优化保证在新环境中能够实现相同的性能/吞吐量。云安全和隐私正通过防火墙、入侵检测、预防系统及其他安全解决方案得到保护，APM 解决方案确保达到所需的性能。一系列云连接器、适配器和驱动软件解决方案正在连接到 CMP，以实现云资源和应用程序的集成管理。

10.6 多云管理策略

云通常是 IT 产业化、优化、提高资源利用率和生产力的代名词。此外，还可以对云进行整合、集中化，甚至联合、虚拟化、容器化和共享。同时通过融合、组织等其他优化方式，使云作为一站式、面向未来、能够自适应的合格 IT 解决方案呈现给企业、个人、创新者和机构。专业人士正齐心协力提高云应用程序和基础设施的可靠性。随着附加系统和解决方案的不断积累，云运营和管理的复杂性在短期内不会降低，但可以通过一些技术和技巧来降低这种复杂性。

如上所述,策略对于在任何复杂环境中以自动化方式运行系统、网络、数据源、应用程序和服务是必不可少的。随着云概念的遍地开花,必须提供适当的支持来获得预期的成功。在管理方面,也应格外小心处理,制定正确的战略,并明确执行计划。如今,越来越多的企业正在制定战略通过混合云来实现灵活性和可扩展性。当然,管理多个云并不是一件容易的事,面临着诸多挑战和困扰。

当高度敏感和关键的数据放在第三方存储设备上时,企业特别关注安全性。还有一些其他问题,如计算、网络带宽和存储成本及其不可预测性。此外,公有云完全由 CSP 控制,会引发站点可用,并降低性能和可靠性。接入网络也会带来安全问题。因此,混合云的管理策略必须清楚地阐明并强调需要采取哪些方法来管理混合云的各种组件。通常,混合云由私有云组成,并与一个或多个公有云提供商签订合同,以获得额外的容量和能力。因此,混合云管理员负责管理多个领域中的计算、网络和存储资源。这就要求必须制定云管理策略并将其应用到服务中,以解决以下问题。

- **配置和安装管理策略**——应制定适当的规则来管理应用映像的创建、部署、补丁和重建。
- **访问控制策略**——旨在建立和实施各种策略,以控制对云环境中的各种云资源、应用程序和数据的访问。
- **成本管理与报告策略**——云的使用费因不同用途和地区而有所不同。需要制定和明确策略,以便能够主动捕捉任何类型的成本变化,并将其传达给应用程序的所有者和用户。

一个多云基础设施有多种不同的表现形式。在一些企业中,应用程序团队采用不同的云来满足它们的需求。开发人员使用云来测试活动,并使用数据中心运行生产工作负载。每个企业对多云的处理方式不同,这是由于每个企业的客户群体不同,他们有着各种各样的需求。

Scalr 适用于大规模运行的环境,通过分层策略遗传模型实现。在大规模实施策略并向成千上万的用户提供自助云资源时,将策略绑定到每个单独的应用程序上是毫无意义的。在应用层制定策略时,很难处理各种变化,而且责任划分也变得具有挑战性。

因此,Scalr 使用分层模型来映射公司的组织结构。相关管理员可在每个层配置策略、目录项和自动化属性。在一定范围内配置的策略将向下继承。Scalr 根据用户的身份和工作环境使用云分层策略。这些策略遵循 Scalr 的遗传模型,这意味着在更高层配置的策略将传递到所有相关环境。拥有适当权限的用户登录到这些环境后,可根据他们的身份使用 RBAC 策略。Scalr 策略通常分为五类:

- **访问策略**——资源访问、安全性和使用策略属于这类策略。
- **工作负载分配策略**——为获得优化的工作负载,需要考虑服务器/VM/容器的数量和配置。此外,网络带宽和存储容量对于完成云环境中的工作负载、容量使用和资源配置限制起着至关重要的作用。
- **集成策略**——集成是关键。多个系统无缝集成,以便以一种协调的、有效的方式将若干事件一起编排并实现自动化。工作流通常包括多个定位和远程控制系统。集成策略的典型例子包括利用配置管理工具(如 Chef、Puppet 和 Ansible) 将操作记录到 CMDB。
- **应用程序生命周期策略**——这些策略可实现应用程序从配置到终止整个生命周期的自动化,并且还涵盖了应用程序自动化的方方面面,包括使用脚本启动服务器、持续维护、自动扩展和预定应用程序的终止。
- **财务政策**——这些政策都与降低成本和成本计量有关。财务政策包括预算工具、关于预算消耗的通知、显示退回/退款和财务报告。降低成本策略与其他 Scalr 策略相结合,如回收未使用的资源、应用程序生命周期,以确保使用正确的服务器规模等。

10.7 多云管理:最佳实践

为了满足日益变化的业务需求,云技术在不断发展。为了取得成功需要找到正确的云解决方案,这不是一种快速的、战术上的云实现,而需要在战略上与业务上保持一致。这个目标促使企业采用多云策略。根据市场研究人员和分析师的预测,约 85% 的企业正在转向多云策略。

在这个新的时代,企业需要使用一种 IT 基础设施,使它们能够无论数据位于何处,都可以从数据中获取出最多的信息,并将其转化为行动。在数据可能成为企业最有价值资源的时代,访问、保护和分析数据的能力将在企业整体多云策略中扮演十分重要的角色。

- **商业创新**——目前有几种新的数字转换和智能化技术与工具。为了领先于竞争对手,企业必须谨慎地、有意识地主动采用已被证实的或潜在的技术。越来越深广的连接带来了大量数据,通过使用数据科学与认知计算技术,可以从以指数增长的数据量中提取出实时的、可行的信息以使企业展望未来。

- **数据和云集成**——目前,企业正在使用 MSA 对面向客户的、网络级和企业级的应用程序进行更新换代,并将它们迁移到不同的云环境中,以实现所有最初设想的效益。但与此同时,出于安全方面的担忧,客户资料、机密资料和公司数据仍保存在高度安全的传统 IT 环境和私有云中。因此,需要在数据与云服务之间实现无缝和智能的同步,以实现新的应用程序和功能。
- **数据管理与安全优化**——为了建立和执行多云策略,需要对数据收集、清理和处理等方面进行全面研究。一个成功的多云策略必须保护所有应用程序和平台上的关键数据,因此,谨慎且系统地收集和保护数据是多云策略取得巨大成功的基础和根本。
- **遗留资产的升级换代**——目前,一些 IT 基础设施、平台、应用程序、数据源和存储、中间件解决方案等正在使用中。为支持有前景的多云策略,这些投资和资产需要有条不紊地重新规划和再利用,以适应数字时代的需要。通过巧妙地利用所有当前和传统的 IT 资源和构件,可以从根本上减少新投资的数量。

这一切都是为了构建、管理和治理整个云生态系统,同时保留对现有 IT 环境的控制。此外,它还可以将非关键性的工作负载发送到公有云,以增加灵活性和可扩展性。

- 通过跨云部署和工作负载管理的解决方案来加快并改进服务交付。
- 从一个控制台管理多个云提供商。
- 针对访问多云环境中运行映像的不同提供商和用户来管理预算。
- 管理并保护整个企业的混合云使用,包括行业法规和组织要求。

管理多云——企业通过使用自助和治理功能可避免供应商依赖,帮助企业 IT 部门在部署和管理多云环境方面实现更大的选择范围和灵活性。

- 实现多云服务管理和交付的自动化。
- 跨多云环境监控使用情况、性能和成本。
- 跟踪多云环境中的云服务(SaaS、IaaS)、成本和计费。
- 跨多个云集成服务。

管理角色和权限——需要控制对云服务的访问,并制定和实施企业内部

第10章　多云管理：技术、工具和技能

的访问政策和权限。对于特权和终端用户的访问，采用自动身份验证和授权策略。

- 允许用户根据分配的角色和权限执行特定操作。
- 明确获得提升特权的人员，以及授予这些特权的时间、方式和地点。
- 控制特权用户可执行的命令，并审查特权活动。
- 集中管理和实施基于角色的授权和身份验证策略。
- 自动配置和取消配置不同服务器的用户账号和访问权限，包括对恶意用户的封锁。

所有云服务的统一计费——需要通过单点计费来整合云支出。此外，它还可以通过统一的云资源使用、计量和计费来优化云设置，实现在单一和混合云部署之间的无缝切换。

- 允许IT用户跨云服务（公有云、私有云和混合云）比较、订购、管理、访问和合并计费。
- 跟踪内部成本中心和部门产生的云服务使用成本。
- 监控并管理所有IT基础设施中的资源利用情况和成本。
- 通过定义可跨多个提供商使用的预算，保持云资源使用的灵活性。

开放式标准架构——需要使用开放式标准架构在各种云环境中开发、部署和交付服务。企业IT部门可对从基础设施到应用程序的不同层次的云服务进行管理和交付。

- 使用标准架构，可以轻松地采用同一种多云策略。
- 在混合云环境中构建和交付企业云服务。
- 通过利用各种云服务提高企业IT部门交付的速度。
- 为抽象层创建一个基础架构，以便对不同的IaaS提供商和API服务进行规范化。

因此，建立和维护多云环境对于一系列令人眼花缭乱的商业创新至关重要。首先应制定一个灵活的、面向未来的多云策略，一份详细的规划及基于理解力驱动的执行方案。

---

vRealize Operations——它汇集了所有管理功能——性能管理、容量、日志分析、成本分析、规划、拓扑分析、故障排除和自动化工作负载均衡，并将这一切集成在一个高度直观的、可升级的、可扩展的平台中。VMware vRealize Operations 与 vRealize Log Insight 和 vRealize Business 相结合，使云能够提供核心功能。

- **应用感知的 SDDC 和多云监控**有助于客户加快采用 SDDC 并集成公有云。本地 SDDC 集成（例如与 VMware vSAN 和 VMware Cloud Foundation 的集成）、重新设计的直观用户界面、从应用程序到基础设施的统一可视性，以及结合指标和日志的有价值信息，加快了价值实现的速度。客户可查看应用程序和基础设施运行状况的统一视图，并实现关键绩效指标和基础设施组件依赖关系的可视化。预测分析和智能警报使用户能够提前纠正性能问题。操作简便、人性化的控制界面，指标和日志并列布置，自定义的控制界面、报告，支持基于角色的访问和可视化，以及更智能化的故障排除，这一切都会使用户方便地实现对 SDDC 的管理和应用。

- **自动和主动的性能管理**帮助客户简化操作，避免中断，并为更多的战略任务挤出时间。vRealize Operations 的新增功能包括在支持 VMotion 和 Storage VMotion 的主机、集群和数据存储中实现全自动工作负载均衡。它还提供了完整的分布式资源调度程序（DRS）管理和可预测的 DRS。可预测的 DRS 将 vRealize Operations 的预测分析功能与 DRS 功能相结合，以通知 DRS 一个预期负荷峰值，使 DRS 可以在发生争用之前迁移 VM，从而使在终端用户受到影响之前主动检测异常和问题并自动进行纠正。

- **云规划、容量优化和合规**——即将推出的 vRealize Operations 包括与云 vRealize Business 紧密集成，其在 vRealize Operations 用户界面中显示为"业务管理"选项。现在，vRealize Operations 能够将运营指标与成本信息关联在一起，以了解容量利用率如何推动成本优化。针对私有云的精细粒度成本分析，以及对私有云和多个公有云进行成本比较，可加快完成云规划、预算和采购决策，控制成本并降低风险。客户可通过容量管理、回收和规模调整来优化成本和资源使用，并改进规划和预测。此外，还包括新的 SDDC 运行状况控制界面和整个 SDDC 堆栈（包括 NSX 和 VSAN）的强化。

10.8 通过预测分析管理多云环境

IT 企业不仅要向商业用户和开发人员提供多云服务的统一访问，而且需要提供合同管理、支出优化，确保遵守 SLA 和法律法规等能力。随着多云环境运营复杂性的增加，企业和 IT 决策者在管理过程和自动化工具中发现了巨大价值，因为这些管理过程和自动化工具可以大大简化运营，保持端到端的服务等级，并且可以确保资源能够无缝地适应工作负载、业务处理和数据存储的动态变化和网络要求。如要实现数字化转型，能够有效管理复杂的多云环境则至关重要。CMP 通常提供跨多个云的统一自动化、监控和分析。

预测分析的贡献——随着云计算变得越来越复杂，预测分析等高级分析技术有助于预测资源占用率、成本和可用性。出于各种原因，软件应用程序和数据源被部署在各种云上。预测分析是一种根据历史和实时数据模式和趋势来推算和预测未来事件的分析工具。如今，预测分析被广泛使用，包括预测和管理 Amazon Web Services（AWS）Spot 实例的成本，防止服务器和网络故障，以及管理客户体验。在多云环境中，充分利用预测分析的关键在于首先要了解数据是一切事物的中心，它将所有商业应用结合在一起；数据是每一个商业决策的驱动力，是所有分析所围绕的中心。

使用这些分析功能可以预先和主动地管理 IT 资源和功能。它确保能够满足许可和 SLA 的要求，预测瓶颈和处理问题。因此，灵活易用的数据存储和完善的整体数据策略对于整个业务分析工作十分重要。如要全面收集业务所需的云服务工作，就必须打破云间的数据壁垒。

Morpheus Data（一款基础架构无关的云应用管理和编排平台）在云管理中增加了预测分析功能。这个平台实现了过去不可能实现的在多云混合型 IT 环境中的端到端应用程序生命周期管理的功能。

Morpheus 用机器学习算法更新了它的统一 Ops 编排平台，降低了云成本，并提供新的第三方集成，加快应用程序部署。统一的 Ops 利用系统性的解决方案来优化资源、支持治理、加快工作流，并实现应用程序升级换代。该解决方案可设计成一种完全不依赖设施的架构，适用于内部部署、托管和公有云环境中的裸机、VM 和容器化部署。

目前，企业云服务支出的增长在很大程度上来自如何将应用程序团队努力打造成一流的 DevOps 组织，使其部署时间能够按分钟计算，而不是按天计算。与此同时，有迹象表明企业 IT 团队正在采用多云策略，而不是只对单一提供商制定规范，然而，分散的云管理一直是部署的障碍。

为了帮助企业提高效率并建立复杂的多云基础设施监管，Morpheus 提供了能够跨平台的资源发现，以确定已部署的应用程序、VM 和容器，并收集有关容量、内存使用、性能和功耗的数据。通过使用机器学习算法，Morpheus 新的指导修复功能使客户能够逐步淘汰未使用的设备,将工作负载迁移到成本较低的云上,调整内存或容量分配,甚至设置电源计划以严格控制成本。与纯 VM 分析工具不同,Morpheus 可以查找跨越大量内部和外部云的 VM 和容器中存在的问题并进行修复。此外,客户在资源配置时可利用强大的策略管理和云代理工具来设置、比较和控制成本,以防止将来出现问题。

一些用户对使用分析工具进行应用程序扩展、区域部署或对多云使用进行动态调整很感兴趣。这需要一个快速的条件响应周期,与传统分析相比,它更符合复杂的事件处理。对于一些公有云提供商而言,还可以在使用参数的云托管环境中构建扩展和弹性触发器。在这种情况下,可以使用分析和配置测试来创建不同的云托管模型,并测试它们的成本/性能。然后,使用云提供商工具进行特定配置。

云分析和管理工具(如 Microsoft Operations Management Suite 或 Amazon Cloud Watch)将事件分析和问题修补过程结合成一种不依赖外部工具的单一方法,通过 DevOps 与运营流程相结合。如果工具生成警报,这些警报可触发扩展之类的事件。云分析的最终目标是生成切实可行的信息和决策。在应用层和云管理方面,许多趋势与实时事件驱动技术相关。随着这些事件驱动概念的成熟,它们将影响应用程序对云端的需求,也影响将云性能和状态信息转换成行为的方法。

10.9 应用程序的更新与迁移:方法与架构

当企业决定向跨多个内部和托管的私有云和公有云转移其工作负载、数据和流程时,将需要采用一种新的混合型多云管理方法。但这种方法需要在计费和配置、访问控制、成本控制、性能分析和容量管理方面使用统一的解决方案。

几乎在所有企业都开始采用混合型多云架构,IT 企业不再只管理数据中心和少数托管或受监管的服务提供商。为了打破这种资源限制,有需求的业务团队和 IT 开发人员购买了 SaaS、IaaS 和 PaaS 云服务。如今,很多企业的 IT 结构都是由多个云端组成的。

在 IT 行业,构建和管理混合型多云架构所需的工具和技术比较分散。多云和混合云带来的工作负载和基础设施问题,将推动新型云管理技术的发展。除了管理各种公有云和私有云服务的资源利用率、性能和成本外,CMP 还必须了

第 10 章 多云管理：技术、工具和技能

解内部部署和云端之外的集成和业务流程，并以某种方式与连接它们的新型多用途混合型 iPaaS 进行交互，以保证业务连续性。

针对上述问题，本书介绍了两种混合型多云架构（https://www.simform.com/multi-cloud-architecture/），用于将内部环境迁移到混合型多云环境。对于采用多云环境的企业来说，有多种多云架构可供它们选择，提供包括重新部署、云化、迁移、重构、重新绑定、替换和更新等能力。

多应用程序的重新绑定

在上述混合型多云架构中，重新绑定架构的应用程序部分部署在多云环境中（如图10.1 所示）。当主数据中心或内部数据中心出现故障时，这种架构可用于将用户路由到最近的数据中心。特别是经过配置后，它们可用于监控用户使用服务的状态。如有服务不可用，所有流量将被路由到另一个正常的实例。该架构使用一个本地云适配器（例如服务总线或弹性负荷均衡器）实现不同云平台组件的集成。使用这种架构的主要好处是，最大限度地提高了应用程序的响应速度，使不正常的服务恢复正常。

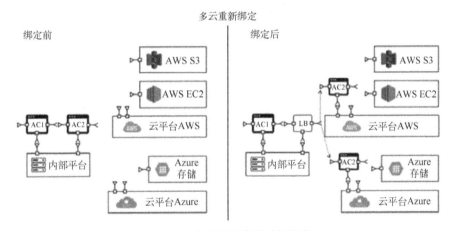

图 10.1　多应用程序的重新绑定

多应用程序的升级

在这种架构中，内部应用程序被重组为一个组合，并部署在云环境中。这种架构解决了重组架构内部应用程序不能去除重复功能和不一致性的问题。在多应用程序升级过程中，将应用程序作为一个组合进行分析，以实现可能的合并和共享（如图10.2 所示）。工作负载的分离能够识别由多个解决方案共享的组件。这种架构能够实现一致的性能，减少操作任务，降低共享组件的维护成本。

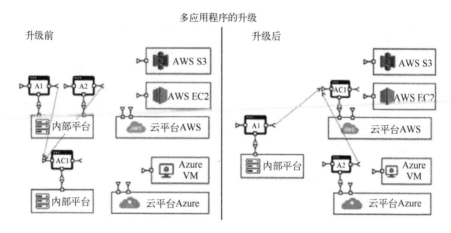

图 10.2 多应用程序的升级

10.10 结论

多云架构提供了一个环境，在这个环境中，企业可以在传统基础设施之外构建安全而强大的云。然而，最大限度地发挥多云的作用意味着要应对一系列的挑战，包括应用程序扩展、统一管理、合规性保证、迁移和安全性。为了构建多云环境，需要解决一系列问题，如自动化工具、集成平台、最佳实践、指标设计、关键指导原则、架构的考虑、安全性、治理和中间件解决方案等。最重要的是，需要一个多云管理平台来降低由技术和工具异构性及多样性导致和增加的多云复杂性。本章阐明了企业和管理人员该如何以一种无风险和高回报的方式顺利过渡到多云环境的过程，以及所有相关的细节。

彩 图

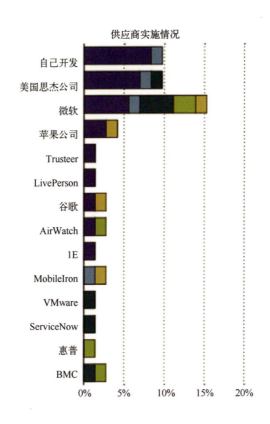

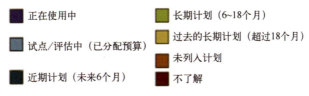

图 7.4 企业部署应用商店情况统计

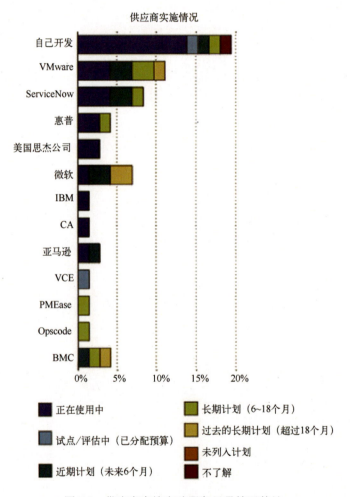

图 7.5 供应商实施自助服务目录情况统计

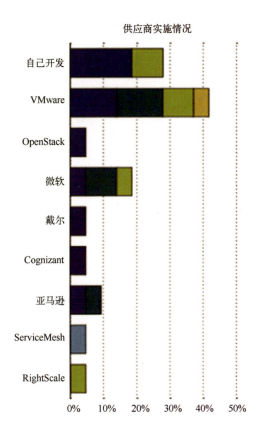

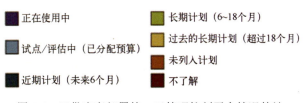

图 7.6 云供应商部署统一云管理控制平台情况统计

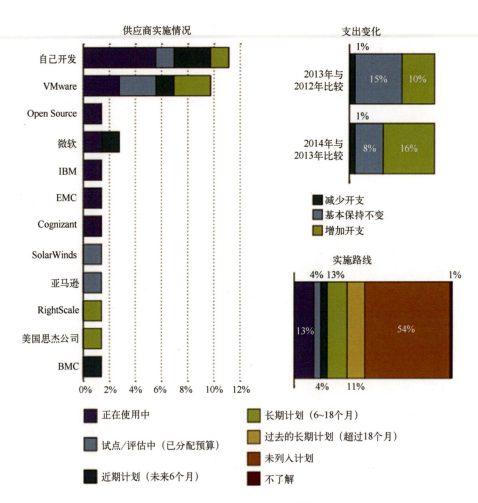

图 7.7 主要供应商采用云治理机制的情况统计